搞懂益生菌，
吃對更健康

益生菌之父的真心建言　　蘇偉誌博士／著

過敏，應從源頭處理
吃益生菌，絕對有救

閣林文創

與菌共舞～
神奇的健康改造王「益生菌」

很多人都問我，為什麼會和一堆細菌攪和在一起大半輩子？

在那個一般人對益生菌的概念，還停留在發饅頭、釀泡菜材料的年代，國內相關研究領域更是幾乎乏人問津，自然會有這些疑問。

這和目前已成為最火紅和影響力最深的新世代保健食品的盛況，兩相比較，真是不可同日而語。只能說，一切都是緣分！

大半輩子注定在細菌堆中打滾

其實當初會選擇益生菌做自己的研究主題，原因就是兩個：一是細菌很單純，染色體只有一條、好操作、長得又快，而且身體不只有會害人生病的病源菌，還有很多對人體好處多多的好菌、益菌，這個部分我希望能讓大家更了解，也想證明益生菌對健康有多大的貢獻。

二是在基因工程領域裡，細菌扮演著極為重要的角色，是研究基因解碼、幫助人類一步步更加理解生命和健康奧秘的第一把鑰匙，長遠來說絕對有寬廣的空間，所以在審慎思考後就毅然決然地選擇了這個領域。

也就基於這樣的使命和榮譽感的驅使，形成內心的一大動力，讓

我邁出了連自己事後回顧時都覺得訝異的一大步，幸而，這是非常正確地一大步，實在令人欣慰。

回想當時，對於選擇益生菌這個題目自然還是有疑慮的，因為還有其他研究標的可以做，且相對成熟許多，困難度較低，能夠達成的研究目標也較容易，所以當然會思考要走哪條路子。

幸運地是，就在這個人生的十字路口時，由於師長的適時啟發和勸導，讓自己從諸多迷霧中找到了方向與目標。因為當初益生菌的研究還不是主流，各種的說法和報告都還是未知數，貿然投入風險相對很大。但也因此，發展空間和自主性也大，只要研究計畫獲得認可，經費等相關細節，可以和師長一起爭取。

就這點，讓我完全鼓起了勇氣，踏上了這條不一樣的研究之路，從大學、研究所到博士，一路走來沒想到一晃眼就二十五年過去了，經過這些年的深入研究和了解，現在也可以很自豪地向大家說：「益生菌才是真正的健康改造王」

為什麼這麼說呢？原因有二：一是目前的研究成果已經非常豐碩；二是未來的前景更是無限遠大。這可以從益生菌以下的三大功效來說明：

益生菌的貢獻一：清腸胃

人胃腸道棲息著約100兆個、100種以上，重達1公斤的各種細菌，但只要腸道內益生菌佔優勢，人體就會健康，其中雙歧桿菌（或稱雙叉桿菌）和本團隊發明的L.s和L.g菌等是最具代表性的益生菌。

目前保持益生菌數量優勢的方法主要有直接食用含有活性菌的產品，和將雙叉桿菌的食物（寡糖）吃進肚子，讓它作用，成為體內優

勢菌叢等兩種方法。

這是因為兩者都具有很高的活性，很難被人體腸胃道消化吸收，提供的熱量和糖分又低，不會引起齲齒，在低能量膳食中扮演重要的角色。因此，特別建議糖尿病、肥胖和低血糖病人使用。

另外，大家較為熟悉寡糖對便祕、腹瀉和痔瘡的功效，這三類患者腸內環境是鹼性的，但益生菌在代謝過程中產生的醋酸、乳酸等有機酸，卻可促使腸道轉為弱酸性，身體滲入的水分增多，刺激了腸子蠕動，從而緩解問題。

臨床應用也證明，益生菌對便祕和腹瀉具有雙向調節的作用，因為兩者本質上均屬不正常蠕動，只要增殖益生菌，改善這個問題，就能有效控制排便，顯然是對付痔瘡的最佳自然療法。

同時醫界還發現，以上三類患者的腸內菌群都十分不平衡，糞便中的益生菌比健康者少了25%。也有研究說，在50%的受測者糞便中，並無益生菌的存在。所以增加腸道的益生菌數量，能夠改善便祕、腹瀉和痔瘡，是沒有疑問的。

益生菌的貢獻二：改善過敏

在這些年中，最令自己感到難過地就是，因為自己過敏的體質而讓兒子也有了這個惱人的問題，這是一個身為父親對孩子感到最抱歉與歉疚的地方。

以人體來說，呼吸道、消化道，以及皮膚這些部位「首當其衝」接觸外來物，比較容易發生過敏反應。一般常見的過敏性疾病，則有過敏性鼻炎、支氣管性氣喘、過敏性皮膚炎、異位性皮膚炎和過敏性腸胃炎等幾種。

　　至於益生菌改善過敏的作用機轉則是，益生菌因為會增加免疫球蛋白Ａ的產量、促進食物消化與營養吸收，還能夠封閉過敏物質進入血液的通路，所以可以防止發生過敏反應。

　　幸運的是，孩子出生後，相關研究已經有了初步成果，醫界和學界對益生菌的認識已經從單純地整理腸胃，發展到了能夠改善過敏的程度了。而針對這個結果，我個人是很振奮地，因為自己和孩子都有這個問題，且沒想到自己的研究還能產生這個出乎意料之外的好消息，自然就用在我們身上了。

　　結果也沒讓人失望，不僅自己過敏症狀獲得大幅度改善了，孩子的狀況更是好得不得了，幾乎都恢復正常了（對飲食和環境等誘發因子當然還是要持續監控），體質更是調整到比正常小孩還強壯呢！這點讓我感到非常自豪。

益生菌的貢獻三：降三高

　　這個功效則更激勵我對益生菌的深入研究。

　　在接下來的這幾年中，和整個團隊更發現，其實雙叉桿菌、乳酸桿菌、腸球菌、L.s菌和L.g菌等益生菌還能有效降低高脂血症所產生的症狀。另外，研究還指出，攝取含有益生菌的這段期間，可降低血中膽固醇含量達到50%。此外，益生菌還能在體內合成維生素Ｂ群，平衡同半胱胺酸的數值，維持血液中正常膽固醇含量，從而降低罹患心臟病、腦中風和老年癡呆症的可能性。

　　簡單來說，益生菌就是能藉由刺激、活化代謝系統，發揮降膽固醇、血壓、血糖等作用。這部分不僅有間接證據也有了直接證據，同時動物實驗和人體實驗也都被證實了相關作用，顯見益生菌的研究，已經正式進入了更重要也更具關鍵性的第三階段了。

結論：善用益生菌　脫胎換骨

因此，我們再回過頭來看，益生菌能產生這麼巨大的健康功效原因就在於，它作用於人體最大的免疫器官——腸道。

其實嬰兒一生下來，腸道裡自然而然就存在有許多的菌，與人類和平共處，同時其中的益生菌還攸關著人體的營養需求、免疫調節以及對抗外來壞菌的重責大任，而擔任免疫調節者角色的就是腸道，可見其重要性。

補充益生菌對人體的好處，正是這種免疫調節功能在發揮功效。以小孩子最常發生的異位性皮膚炎為例，國外內研究都證實，食用益生菌有助減緩症狀、降低發炎反應。用最直接的話語就是「益生菌能讓人調整體質、脫胎換骨」。

而這要怎麼做呢？以自己為例，我每天早晚兩次、每次吃進十億個以上的菌數，因此這二十多年幾乎不曾傷風感冒。當然，益生菌要挑對菌種、吃對數量才有效，所以一定要挑選經衛生署認證、有臨床研究報告基礎的菌株，否則花大錢未必買得到真正的健康。

由此可知，益生菌的功效幾乎涵蓋了所有的重要健康議題，也能解決大多數人的困擾，所以稱它為「健康改造王」可以說是一點也不為過。

歡迎大家一起閱讀本書《吃定過敏：益生菌》，掉進這個奇妙的微生物世界，並脫胎換骨、變身健康王！

蘇偉誌

你敢保證你的腸道還很年輕嗎？

你的腸道年齡幾歲啦？

因為飲食、生活習慣等多種人為因素，「腸道年齡」老化現象很可能比你的預期提早來報到。想了解自己的腸道年齡是否比實際年齡年輕或年長嗎？下表是日本理化學研究所微生物機能分析室室長——辨野義已博士設計的腸年齡評估表增修版，可以檢視你的腸道健康情況。請依據平日的飲食、排便及生活狀況勾選（可複選）。

腸道年齡檢測表

飲食習慣	排便狀況	生活狀況
1. 常常沒吃早餐	10. 不用力就很難排便	19. 常抽菸
2. 吃早餐時間短又急	11. 即使上過廁所也覺得排不乾淨	20. 臉色常不佳，看起來蒼老
3. 吃飯時間不定	12. 排便很硬很難排出	21. 肌膚粗糙或長痘子等各種煩惱
4. 覺得蔬菜攝取量不足	13. 排便呈現一顆顆	22. 覺得運動量不足
5. 喜歡吃肉類	14. 有時候排便很軟或腹瀉	23. 不容易入睡、且感到睡眠不足
6. 不喜歡喝牛乳與乳品	15. 排便的顏色很深、偏黑	24. 經常感到壓力
7. 一星期在外用餐四次以上	16. 排便及排氣很臭	25. 早上通常慌張匆忙
8. 常喝糖水、清涼飲料	17. 排便時間不定	26. 常熬夜、睡眠不足
9. 常吃消夜	18. 排便都沉到馬桶的底部	

▶結果分析

· 圈選 0項▶腸道年齡比實際年齡年輕，為理想健康的腸道狀態。

· 圈選 4項以下▶腸道年齡＝實際年齡＋5歲，腸道年齡比實際年齡稍高一點，要注意腸道健康。

· 圈選 5至10項▶腸道年齡＝實際年齡＋10歲，腸道已有老化情況，需要注意飲食及作息之正常。

· 圈選 11至14項▶腸道年齡＝實際年齡＋20歲，腸道年齡已老化並走下坡，必須徹底改變飲食及生活習慣。

· 圈選 16個以上▶腸道年齡＝實際年齡＋30歲，腸道健康狀況非常糟糕，請立刻尋求專業人員協助。

CONTENTS

Part2 腸道若健康，過敏就Bye-Bye

CONTENTS

糙米／玉米／燕麥／薏仁／紅豆／綠豆／黑豆／蘆筍／地瓜／牛蒡／黑芝麻／

南瓜／芹菜／苦瓜／海藻／蓮藕／胡蘿蔔／白蘿蔔／苜蓿／香菇／大蒜／蔥／

洋蔥／辣椒／番茄／酪梨／梅子／櫻桃／紫葡萄／草莓／蘋果／蜂蜜

Part4 從「腸」計議實戰篇

Part 01

攸關免疫力的「腸道」

為什麼許多人說「胃腸好，人不老」？

因為「腸道健康，能幫助吸收均衡營養」，

因為「腸道越健康，免疫力越好」，

「免疫力提升了，過敏自然遠離」。

但「腸道」健康的關鍵是什麼呢？

現在我們就從了解「腸道」構造開始，

營造對「腸道」有益的環境，

擁抱健康，拋開過敏。

「有益菌」影響免疫力強弱

有益菌多於有害菌時，
正常消化、吸收及免疫功能才可以發揮。

免疫系統是抵抗病毒入侵身體的第一道防線。免疫功能下降的原因很多，包括先天遺傳因素、後天所服用的藥物，或不良的生活習慣等等。

⊙免疫功能是保護身體的屏障

《科學發展》（Science Development）期刊指出，我們的身體具有三大自我保護的屏障。第一道屏障是「消化液」（如唾液、胃酸），它具有最基本的殺菌功能。第二道屏障是消化管壁上的「黏膜」，它的後方有一個強大的後援部隊，也就是我們的「免疫功能」。當免疫功能下降時，身體對外來入侵的細菌、病毒等的抵抗力就會減弱；當免疫功能正常時，自然會製造抗體以對抗病原菌。由此可見，如果沒有「免疫」這個強而有力的屏障，我們的身體很容易被各種細菌、病毒所擊垮。

⊙腸內有益菌佔優勢，免疫力就會強

第三道屏障就是腸道內的「有益菌」，它們是攸關身體免疫力強弱的主角之一。

當腸道內的菌叢生態由益菌主導時，也就是「有益菌」多於「有害菌」時，腸內細菌的秩序得以維持，發揮正常的消化、吸收及免疫

功能；反之，當腸內益菌數量遠低於害菌數量時，身體的免疫屏障就會衰弱，容易造成體內毒素堆積、老化，並產生各種疾病。

腸道功能大透視

**確實了解腸道功能，
才知道如何善待它、呵護它，贏得健康。**

我們時常聽到：「養好菌——顧腹肚ㄟ專家」、「腸胃健康不找碴」、「天天維持腸道健康，幫助吸收均衡營養」、「只養好菌，不養壞菌」、「腸道夠力，就有活力」、「定期體內環保，告別體內長期累積的負擔」……等各式各樣腸道相關保健食品的廣告詞，足以見得腸道狀況的好壞，會直接影響我們身體健康的狀態。

腸道是人體消化系統裡重要的一環，主要功能有三，分別為：消化吸收、免疫防衛，以及神經調控。許多專家也一致認同，腸道是生命的原動力、健康的基石。

關於我們的小腸與大腸在身體所扮演的角色，你是否有正確的認識呢？以下從攸關身體健康的角度進一步說明。

小腸功能

**不僅是人體最主要的消化及吸收器官，
也是身體健康與否的關鍵角色。**

我們吃進去的食物，大約需要經過7～9個小時，才能完全通過小腸。

消化系統的人體地圖

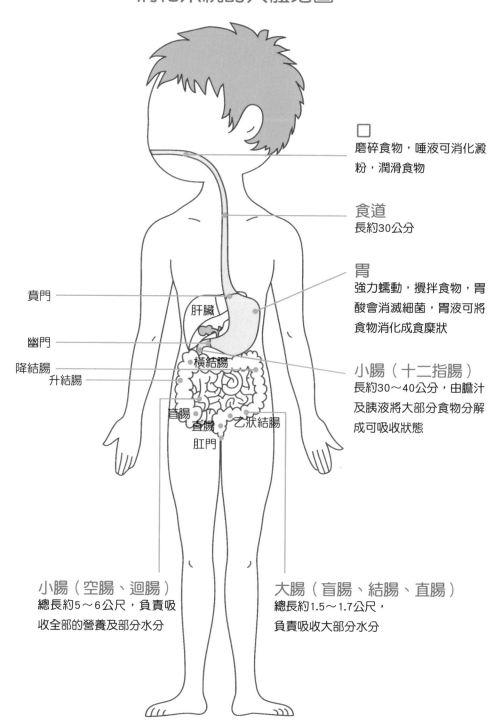

□
磨碎食物，唾液可消化澱
粉，潤滑食物

食道
長約30公分

胃
強力蠕動，攪拌食物，胃
酸會消滅細菌，胃液可將
食物消化成食糜狀

賁門

幽門

肝臟

橫結腸

降結腸

升結腸

盲腸

直腸

闌尾

乙狀結腸

肛門

小腸（十二指腸）
長約30～40公分，由膽汁
及胰液將大部分食物分解
成可吸收狀態

小腸（空腸、迴腸）
總長約5～6公尺，負責吸
收全部的營養及部分水分

大腸（盲腸、結腸、直腸）
總長約1.5～1.7公尺，
負責吸收大部分水分

小腸之所以稱為小腸，主要是與另一個器官大腸相比，為腹部最主要、所佔空間最大的部分。長達5～6公尺的小腸，蜷縮在看似空間並不很寬敞的腹部。

小腸又可細分為：十二指腸、空腸、迴腸三部分。十二指腸因其長度約12根手指的長度而得名、空腸約長2.5公尺、迴腸約長3.5公尺。

小腸的主要功能是吸收食物中的養分。作為小腸第一部分的十二指腸，接收了從胃部而來的食物，利用膽汁與胰液來幫助消化；接下來的空腸扛起了大部分的消化工程；第三部分的迴腸負責大部分的養分吸收。小腸內部呈皺褶狀，皺褶上有超過500萬根的絨毛，每根絨毛上又長滿更細的絨毛。

⊙ 小腸絨毛吸收營養功用大

小腸絨毛上皮細胞有吸收營養的乳糜管（淋巴管）和微血管，負責將消化道中的脂肪酸、胺基酸、葡萄糖等吸收進血液。而光是這些絨毛攤開來的總面積，就達到人體表面積的五倍之大。

⊙ 你究竟是胃痛還是腸痛？

小腸位於腹部中央，也就是肚臍周圍的腹腔內，十二指腸上接胃部，迴腸下連接大腸。在生活周遭，你是否看過捧著肚臍一帶的腹部喊「胃痛」的人？其

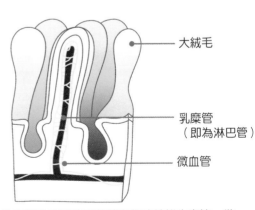

絨毛圖

大絨毛

乳糜管
（即為淋巴管）

微血管

乳糜管負責吸收脂肪酸和脂溶性維生素等，微血管吸收單糖、胺基酸和水溶性維生素。

實這個部位疼痛應該是「腸痛」才是。因此，我們必須清楚自己身體器官的位置，才能夠清楚表達自身疼痛的所在之處，如此也能減少誤診的機率。

大腸功能

大腸吸收礦物質與水分，也是運輸糞便的通道。

Dr. Su的叮嚀
膽汁＆胰液

- 膽汁由肝臟製造，然後儲存在膽囊中，當食物進入十二指腸，膽囊就會將含有膽汁酸的膽汁釋放至十二指腸幫助脂肪的消化。
- 胰液由胰臟製造，偏鹼性，含有多種消化酵素，當胰臟接收到食物進入十二指腸的訊息，就會分泌胰液促進脂肪、蛋白、澱粉等消化。

大腸屬於消化道的末段，消化後的食物殘渣在大腸中約需要30～48小時，才會形成糞便。

大腸又分為盲腸、結腸、直腸三部分，呈現ㄇ字形，由右下腹的盲腸開始，往上為升結腸，一路直抵右上腹，往左橫向左上腹為橫結腸，再往下至左下腹為降結腸，轉個彎到下腹部中央處為乙狀結腸，最後為垂直而下的直腸，將大部分的小腸圍繞其中，總長度大約達到1.5～1.8公尺。

大腸的內壁平滑，不像小腸有絨毛組織，而是一個個類似袋狀的結構。

⊙大腸和便祕的關係密切

大腸的主要功能是吸收礦物質與水分，此外也是糞便形成必經的通道。

食物經由小腸消化吸收後，推進盲腸時還保留大約90%的水分，而

在大腸吸收水分與礦物質的同時，這些已經過許多消化器官分解消化的食物便逐漸形成了殘渣，結合在一起成為糞便，最後再經由直腸推進至肛門，排出體外。

Dr. Su的叮嚀
腸道菌

　　由於乳酸菌產品的推廣普及，大眾已逐漸認識腸道菌。事實上絕大部分的腸道菌分布在大腸，小腸僅存有少數。

　　腸道細菌有好有壞，還有端看益菌還是壞菌佔優勢而靠攏過去的「伺機菌」，總共超過一百兆個細菌，在在影響腸道乃至全身健康。

◎小腸、大腸比一比

	小腸	大腸
長度	5至6公尺	1.5至1.7公尺
內部結構	布滿無數絨毛	內壁平滑
功能	消化及吸收營養分	吸收水分及礦物質
食物通過時間	7至9小時	30至48小時
腸內菌	少	多
疾病	少	多

身體免疫防衛線在腸道

你知道嗎？腸道是身體最大的免疫器官，也是過敏反應的第一道防線。

腸道除了負責吸收養分外，還有一個重要的角色，就是免疫防衛功能。身體的運作非常奧妙，必須在與環境充分互動之下才能維持良好的生命機能。

⊙腸道是與外界互動的開放管道

舉例來說，人類的生存條件包括陽光、空氣和水。我們仰賴空氣進行呼吸作用，而氧氣必須經由我們的鼻子送入肺部，才能讓氧氣與二氧化碳在肺部進行交換；另外，我們生存的能量來源是食物，吃進肚子裡的食物必須透過胃、胰臟等消化系統，在腸道中分解出養分，好讓小腸能夠充分吸收，再透過循環系統的運送，將養分運送到身體各處細胞轉換為身體運行的能量。

雖然腸道與肺部，都屬於身體內部的器官，但還是可以透過上述方式與外界互動，因此某種程度上，內部組織其實是對外開放的，除了好的東西可以進入體內，成為身體需要的養分，外界如細菌、病毒、毒素等不好的物質，也同樣可以經由以上的管道進入腸道與肺部，對身體造成傷害。

也正因為這樣的開放性，腸道成為攸關身體免疫力的重要器官。

⊙淋巴組織是身體的自我保護機制

人體奧妙之處，就在於身體的「自我保護機制」。

體內只要有黏膜的地方，就會有淋巴系統加以保護。而身體的淋巴系統（Lymphatic System）也可稱為免疫系統（Immune System），功能上可分為「免疫功能」及「周邊組織液再回收功能」兩大部分，並分別由淋巴組織（LymphaticTissues）及淋巴管系統（Lymphatic Vessle）負責。其中淋巴管負責將周邊組織液回收並送至淋巴器官（Lymphatic Organs）中過濾。

在淋巴管中流動的液體稱為「淋巴液」，主要成分為組織間液及白血球，但不含紅血球。淋巴液在淋巴管中流動的方式與靜脈類似，藉由組織運動時產生的壓力以及瓣膜控制其流動方向，達成組織液回收的功能。

而淋巴器官及分散於全身各處的淋巴組織（Lymphatic Tissues）則根據所接觸非個體所有的抗原（Antigens）予以製造相對應的抗體（Antibodies），或直接攻擊外來物達成免疫功能。

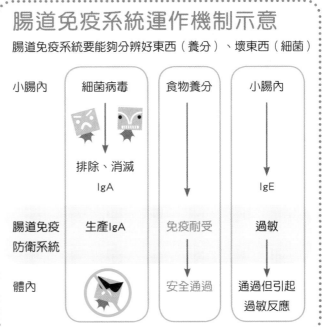

腸道免疫系統運作機制示意

腸道免疫系統要能夠分辨好東西（養分）、壞東西（細菌）

小腸內	細菌病毒	食物養分	小腸內
	排除、消滅 IgA		IgE
腸道免疫防衛系統	生產IgA	免疫耐受	過敏
體內		安全通過	通過但引起過敏反應

⊙腸道免疫系統是抗菌的第一線

我們的腸道免疫系統是對抗腸內壞菌的最前線，因為腸道的表面積最大，接觸外來的細菌也最多，所以腸道的淋巴組織最為發達，集結了人體70～80%的免疫細胞，可謂人體對抗外界細菌病毒的第一線主要戰場。

腸道的基本功能是吸收食物的養分，由於養分是維持身體健康的主要來源，因此腸道免疫防衛系統必須能夠分辨養分和細菌，好讓食物的養分順利通過小腸的黏膜，不會被免疫系統排斥，而達到防禦與吸收的雙重效果。

當我們的腸道免疫系統在感知到細菌逼近時，免疫系胞就會分泌出免疫球蛋白A（IgA）去攻擊細菌；而如果是遇到食物成分接近時，則會自動分泌出免疫球蛋白E（IgE）或G（IgG），當免疫球蛋白E分泌過多時，就會引起過敏反應。

⊙過敏是免疫球蛋白E太多了

在腸道免疫系統中，存在一種「免疫耐受」機制，會抑制免疫系統隨便就針對食物成分而分泌會引發過敏反應的免疫球蛋白E（IgE）或G（IgG）。而過敏的人，就是因為「免疫耐受」機制出現問題，所以吃到特定的食物時，腸道免疫系統便會分泌過多的免疫球蛋白E（IgE）攻擊該食物成分，於是就產生了過敏。

⊙過敏的小孩腸內缺乏好菌

過敏原的種類很多，諸如：塵蟎、黴菌、花粉、蛋白、蕎麥、牛奶、大豆……等千奇百怪，許多醫學研究指出，上述有關腸道免疫系

統所引起的過敏問題，與腸道內的好菌壞菌有著密切的關係。有研究顯示，過敏的小孩，腸道裡的好菌（比菲得氏菌、乳酸菌）比較少，因而多補充好菌，就能改善過敏體質。

人體第二個大腦在肚子

腸道是人體第二個大腦，有複雜的神經網路，具備完整的神經調控功能。

已經有越來越多的科學家認為，肚子是人類的「第二個大腦—腹腦」。

人類的許多感覺和知覺都經由腹部傳送出來，因為我們的胃腸壁裡存在一個非常複雜的神經網路，包含大約1,000億個神經細胞，其數量與大腦細胞數相等，而且二者的細胞類型、有機物質和感受器都極為相似。

其實，早在二十世紀初，美國著名的解剖學家羅賓森（B. Robinson）就出版過關於「腹腦」的醫學專書，但當時並未受到太大的重視。直到九〇年代才逐漸成為顯學，特別是美國哥倫比亞大學解剖系教授麥克・傑森（Michael Gershon），從神經胃腸學的角度，進一步研究腹腦的功能，更加深了腹腦的概念。

所謂「腹腦」指的是腸胃的神經系統，擁有大約1,000億個神經細胞。這套系統主要的功能是監控腸胃的活動，調節消化的速度與過程，並控制血流速度，以及管理消化液的分泌，它的整個運作過程完全獨立。

⊙情緒也會左右腸道的正常運作

腹腦裡也存在相當複雜的交感神經及副交感神經，與大腦相互連結，雖然彼此各自獨立運作，但也會互相密切交流支援，協調整個身體的正常機轉。

我們的自律神經系統是由延腦和下視丘啟動，然後傳達到人體各個臟器進行調節，即使在睡眠或無意識狀態，仍然持續進行不會停擺。

自律神經又分為「交感神經」與「副交感神經」。交感神經是促進性的，當我們感受壓力、危險時，身體就會啟動相關必要的機能；副交感神經是抑制性的，負責讓人體鬆弛休息、保存體力、促進消化、睡眠啟動等。

研究指出，我們的心理狀況也會影響腸道正常運作，這是因為我們的腹腦和自律神經系統間有著緊密的關聯。

當我們的情緒緊張時，交感神經會比較活躍，腸道血管就會收縮，消化液和黏液的分泌量也會減少，以致腸道的活動力降低，因而消化不良、排便不順等腸道毛病就會紛紛出現；反之，心情愉快時，副交感神經就較活躍，腸道活動自然健康又正常。

⊙腸道健康直接影響生活品質

另外，像是腸躁症也與壓力有很大的關係。所謂腸躁症，就是指腸道應該蠕動的時候不蠕動，於是就會有便祕的情形；而不該蠕動時卻又蠕動太快，那麼就會產生腹瀉的情況。

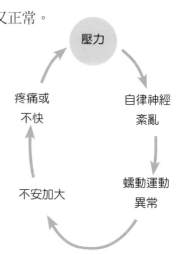

⊙腸躁症與自律神經失調有關

基本上腸躁症是與我們自律神經的失調有關，可見腸道這個人體第二大腦健康狀況的好壞，足以影響我們日常生活的品質！

腸道是疾病觀測站

腸道不是任勞任怨的沉默器官。
從上廁所的頻率及糞便外觀都能辨認某些疾病。

由於生活型態改變，現代人的腸道機能狀況頻仍。近年來許多醫療統計數據顯示，腸道疾病對一般民眾所造成的健康影響，已經越來越普遍。大腸直腸癌患者以往多是中老年人，近年來有越來越年輕化的趨勢，而且是國人排名第三的癌症死因，僅次於肝癌和肺癌。

⊙健康的指標在便便

有學者認為「腸道是萬病之源」，因為我們體內腸道菌相的紊亂，加上腸道內毒素循環全身，以致引發全身性的慢性發炎，才會導致代謝症候群的發生。因此，腸道不僅不是任勞任怨的沉默器官，反倒是疾病的觀測站。

不幸的是，國人飲食雖日益西化，大家卻普遍對於上廁所的頻率及觀察大便狀況不重視，以致近年來大腸直腸癌的竄升速度非常快，腸道疾病是發病率第一的疾病。根據衛生署國民健康局統計，國人罹患大腸癌人數越來越多，大腸癌已是我國發生人數最多的癌症，每年有10,000多人罹患，4,500多人死亡。

觀測站1
從便便外觀看健康

上完廁所別急著沖水，
觀察便便有助於發現疾病喔！

　　從糞便的外觀，的確可以辨認某些疾病，看出身體的健康狀態。

　　為了你我的健康，要隨時將腸道問題視為疾病徵兆的觀測站。所以，上完廁所別急著沖水，可多留意排出的糞便狀況，及早發現可能的病變。

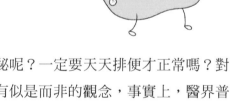

觀測站2
便祕是健康頭條大事

便祕是腸胃疾病的第一大事，
和全身健康息息相關。

　　到底多久沒有便便才算是便祕呢？一定要天天排便才正常嗎？對於便祕的定義，一般民眾大都存有似是而非的觀念，事實上，醫界普遍的定義為：一週排便次數少於「三次」，才稱得上是便祕。

⊙你是便祕一族嗎？

　　每週排便次數達到三次以上，但如果有應該排出體外的糞便還塞在大腸中，沒有按時、順暢地排出，仍然有可能是便祕一族。

　　例如：

　　1.糞便過於乾硬。

2.糞便排量很少。

3.排便不順暢。

4.感覺糞便未排除乾淨。

⊙便祕可能導致6大腸道病變

便祕列在腸胃疾病之首，並不是沒有原因的；便祕事小，卻與其他腸道病變乃至全身健康息息相關，究竟便祕與哪些腸道病變有關？

1.脹氣：

糞便無法順利排出，停留在大腸中，容易使細菌藉此進行發酵作用，進而產生脹氣。

2.大腸憩室炎：

因排便不順而囤積於大腸，推擠腸壁並形成憩室，而憩室又使大腸容易囤塞更多的糞便，易出現憩室發炎，使腸道變窄，如此惡性循環的情況之下，使得排便越加困難。

3.大腸激躁症：

與情緒、壓力等因素有密切關係，便祕是其中一種症狀。往往患者雖有很強的便意，卻不易排出，且排出的糞便量相當少，便便的外形有如羊屎般的結粒狀。

4.痔瘡：

長期的慢性便祕是痔瘡的主因。排便時的疼痛感，會使患者畏懼排便；同時，痔瘡的患者常因骨盆腔的靜脈流動不順暢，而增加直腸肛門的壓力。如此惡性循環，使便祕與痔瘡的情況更加惡化。

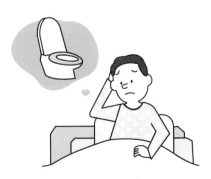

◎便便外觀查看疾病徵兆

便便外觀		腸道健康狀況
排量	重約100至300g	正常
顏色	黃褐色	健康
	紅色 （排除食物顏色）	食物中毒、潰瘍性大腸炎、大腸癌
	黑色	胃、十二指腸、小腸上段出血，可能是消化性潰瘍或癌症
	白色	可能脂肪食物食用過量、消化不良
形狀	香蕉或牙膏狀	健康
	顆粒狀	便祕
	稀薄不成形	消化不良、暴飲暴食、大腸激躁症、急性腸胃炎、食物中毒
	細長形軟便	消化不良、腸道機能老化衰退
浮沉	半浮半沉	健康
	直沉到底	膳食纖維食物之攝取太少
氣味	不重	健康
	臭氣沖天	便祕
其他徵狀	血便	痔瘡、消化性潰瘍、大腸癌
	油便或馬桶水面浮油	消化不良

5.腸炎：

　　腸道發炎，易使得發炎部位黏在一起，而出現腸沾黏的情況，腸道因此變窄，糞便在腸道不易通行。曾經動過腹部手術的人，尤其容易發生此問題。

6.大腸腫瘤：

　　不論是良性的大腸腫瘤，或是惡性的大腸癌，都可能造成腸道堵塞，導致便祕，有時還可能出現強烈腹痛或噁心等症狀。

⊙找到便祕成因

　　按照便祕的成因，主要可分成以下幾種，不同的原因造成不同種類的便祕，也影響治療改善的方法。

觀測站3
過動兒 —— 大腸激躁症

**調整作息與飲食習慣，
找出紓解壓力的方法，就能緩解症狀。**

　　又稱「腸激躁症候群」、「腸躁症」、「痙攣性大腸」，是一種常見的功能性異常腸胃疾病，雖不會致命，但也不易治癒，且影響日常生活。

⊙排便習慣改變是疾病警訊

　　主要症狀呈現在腹痛與排便習慣的改變上，有時會發覺到糞便質地的改變，不是出現便祕有如羊糞般的硬結成塊，就是腹瀉呈稀軟

◎查看看，你是哪一種便祕？

便祕種類		說明	治療
器質型便祕		約有10%的便祕屬於器質型便祕，主要是腸道病變如腸道阻塞、大腸憩室炎、大腸腫瘤等所引發的。	需透過積極的藥物或手術治療
功能型便祕	弛緩型	又稱結腸型或習慣性便祕，大部分的女性患者屬於此類，尤其產後婦女，或缺乏運動、體質虛弱的人、老年人，因為常忍便意、飲食習慣不良，少纖維、長期使用瀉藥等，長久下來導致大腸缺乏彈性、蠕動力降低，而造成習慣性便祕，常出現腹脹或下腹凸出的情況。	治療方法首重刺激腸道蠕動，主要藉由以下方法改善： 1.改善飲食習慣，多攝取水溶性纖維與乳酸菌 2.做腹肌運動 3.多喝水
	直腸型	主要發生在老年人身上，隨著年紀增長，大腸黏膜的活性降低，無法刺激便意的產生，導致糞便在直腸囤積造成腹脹也毫無便意，糞便排出不易，即使排出也很硬。	1.養成規律的排便習慣 2.改善飲食，多吃高纖維與乳酸菌食物 3.多喝水
	痙攣型	主要由負面情緒或精神壓力導致，腸子過度收縮或緊張，好發於肉食與高蛋白飲食者身上，往往在用餐後腹部出現疼痛感，便意雖強，排便卻不易，便量少如結粒的羊大便狀。	1.紓解壓力與情緒，適時適度放鬆 2.多做腹式呼吸 3.培養運動習慣 4.改善飲食，多吃含水溶性纖維與乳酸菌之食物 5.多喝水

狀，甚至出現帶有黏液的水便。此外還有可能發生以下的情況：

　　1.腹脹、排氣。

　　2.腹部絞痛、痙攣。

　　3.排便次數改變，次數異常增多或減少。

　　4.有殘便感，解便不完全。

　　5.有急迫的便意。

　　6.解便後症狀獲得緩解。

⊙大腸激躁症3大類型

　　大腸激躁症依據症狀的不同，又可分為三大類型：「便祕型」、「腹瀉型」、「交替型」。

◎大腸激躁症的症狀與治療

症狀	便祕	腹瀉	腹痛
治療目的	藉由增加糞便的量與水分，促進排便	緩解急迫性、減少解便次數、增加糞便硬度	緩解疼痛、抑制痙攣
使用藥物	・鎂鹽 ・乙二醇 ・5-HT4促進劑（如新藥Prucalopride、Tegaserod）	・嗎啡衍生物 ・膽鹽結合劑 ・抗憂鬱劑 ・鈣離子阻斷劑 ・抗乙醯膽鹼劑 ・新5-HT3 拮抗劑（如Alosetron） ・Loperamide	・肌肉鬆弛劑（如Mebeverine） ・鈣離子阻斷劑（如Pinaverium）

1.便祕型：

　　通常會腹痛、脹氣，卻又排便困難。

2.腹瀉型：

　　進食後或緊張時，就會產生便意，排便時間不定，更增加患者緊張不安。

3.交替型：

　　腸道蠕動節奏紊亂，以上兩種情況交互地出現。

⊙減壓與運動有紓緩效果

　　大腸激躁症雖然無法完全治癒，但是可以透過生活作息與飲食習慣的調整、找出紓解壓力的方法與運動等來改善，達到緩解、避免加重症狀的目的。此外，也可以藉由藥物改善症狀。

　　藥物治療方面，目前沒有任何一種藥物能完全治療或改善大腸激躁症的症狀，大多僅能針對特定症狀短期使用。此外，如果因情緒緊張或壓力大導致症狀加劇，可以使用抗憂鬱、抗焦慮藥物。

觀測站4
大腸癌是沉默的殺手

做大腸鏡檢查能早期發現大腸癌。
只要能夠及早治療，治癒的機率很高。

　　大腸癌在十大癌症死因排行榜上，近年來有「節節高升」的趨勢，是現代相當常見的一種腸道病症。大腸癌多見於直腸、乙狀結腸，也發生於其他結腸段、盲腸等處。

⊙定期健檢是保命符

　　大腸癌在早期幾乎沒有明顯的症狀，等到有症狀時，大多已是治療效果較差的第三期或第四期。衛生署國民健康局發表的95年癌症登記報告，顯示大腸癌首度超越肝癌，成為國人發生人數最多的癌症。早期發現大腸癌的方法是做大腸鏡檢查。

⊙有這些症狀就不妙了

　　大腸癌初期症狀不明顯，常被忽略，常見的症狀如下：

　　1.便血，甚至肛門出血，便後滴血或流血，或出現黑便。

　　2.排便習慣改變，過去沒有便祕或腹瀉情況的人忽然有了改變。

　　3.解便不完全，或有便意卻排不出來。

4.糞便形狀變細。

5.腹痛，早期多為不明顯的隱痛，多半晚期才會出現明顯痛感。

6.腹部出現腫塊。

7.有脹氣、貧血、頭暈的症狀出現。

8.持續性疲勞感。

9.體重減輕。

通常有症狀時已經是第三或第四期，所以最好是天天五蔬果、少吃油炸食物、養成規律運動習慣、定期作大腸癌篩檢，才能有效預防大腸癌。

⊙早期發現存活率高

面對疾病的處理態度，眾所皆知即是「早期發現、早期治療」。由於，大腸癌的致死率並不是最高，因此只要能及早發現即可及早治療；也就是說，大腸癌其實是有可能治癒的。

據研究指出，經治療後第一期的5年存活率高達95％；第二期的5年存活率則達70％；而第三期有淋巴轉移的病患5年存活率約50％～60％；但若是到了第四期已出現遠端轉移的病患5年存活率則降至5％。

⊙3種治療大腸癌方法

目前大腸癌的主要治療方法有以下幾種：

1.外科手術治療：

大腸癌的治療與胃癌一樣，以手術治療為主，期望透過開刀切除手術將癌變組織根除，避免癌細胞擴散。約有七成的病患可接受手術治療，若癌細胞已擴散轉移，則術後療效不大。

2.化學治療：

分為口服與靜脈注射兩種方式，有助於殺死癌細胞，提高病患存活率，延長存活期，是已轉移擴散的大腸癌非常重要的治療方法。

3.放射線治療：

這是利用強力放射線的照射消除癌細胞，此法可單獨採用或與外科手術並用，主要用來減緩病情，它的缺點是可能出現噁心、脫毛等副作用。

過敏體質有救嗎？

**過敏體質雖源自遺傳，
但是足夠的益生菌能夠改善體質。**

過敏，是現代人常遇到的問題，我們周遭的朋友或家人中，難保沒有受到過敏問題的困擾。有些人一吃到蛋就會出現蕁麻疹，喝牛奶就腹瀉，也有人一到春天遇上空氣中的花粉就不停的打噴嚏或流鼻水……等。

◎過敏現象最常表現於皮膚

常見的過敏現象有：異位性皮膚炎（紅腫、搔癢、乾燥、紅斑、丘疹及脫屑的皮膚疹）、過敏性鼻炎（分為季節性和常年性類型，症狀為揉眼睛、揉鼻子、連續性打噴嚏、流鼻水及鼻塞等）、氣喘（咳嗽、胸口悶、喘不過氣）、食物過敏（噁心嘔吐、腹瀉、食物引起的

皮膚紅癢痛）、過敏性結膜炎（眼睛癢、流眼淚、灼熱感、紅眼睛及水樣分泌物）等。

　　人體內有三群免疫細胞，分別為第一型T輔助細胞（TH1），第二型T輔助細胞（TH2）和輔助型T細胞（Treg）。在健康狀態下，TH1與TH2會相互平衡，且共同受到輔助型T細胞的調控。而當過敏原與身體接觸，導致TH2的活性過盛，使下游免疫細胞產生大量細胞激素（Cytokine）或過敏抗體IgE，或是輔助型T細胞的調控能力不足時，就會產生所謂的過敏現象，如過敏性結膜炎、異位性皮膚炎或鼻炎等症狀。如果腸道內有足夠的益生菌，就能夠針對過敏上游源頭透過對輔助型T細胞的調控達到有效改善過敏體質。而目前醫學上對於過敏症的治療主要是投予抗組織胺或皮質素來紓緩過敏的現象。

　　根據諸多研究，過敏體質源自遺傳，目前尚無醫學證據顯示過敏可以根治。父母單一方過敏，其幼兒過敏機率約為50%；若雙方皆過

Dr. Su的叮嚀
哪些是過敏原？

　　過敏性體質「就像一顆未爆彈」，只要一經「過敏原」引爆，就出現過敏性疾病。而過敏的元兇───「過敏原」包含：環境、食物、氣候、情緒等，是誘發過敏的四大因素。環境因素如塵蟎、蟑螂、黴菌、動物毛屑或羽毛、空氣汙染、二手菸等；食物性過敏原如牛乳、乳製品、蛋、蝦、蟹、冰冷食物等；氣候因素如季節交替、溫差、上呼吸道感染等；情緒因素如劇烈運動、緊張、壓力等。

　　隨著體質不同，每個人的過敏原也不相同。大部分的過敏原為蛋白質分子，例如：海鮮、堅果食品、空氣中塵蟎或蚊蟲唾液蛋白等，可經由消化道、呼吸道或皮膚入侵等途徑進入人體引起過敏，也有少數非蛋白質分子的過敏原，例如冷空氣、沙塵或是金屬製品等。

　　醫療診所提供的過敏原檢測有助於過敏患者了解個人過敏的元凶是屬於哪一類的因素造成，並避免接觸過敏原。

敏，則生出過敏兒的機率會提高至75%。

　　人體的免疫細胞可分為TH1、TH2和Treg。當過敏原與身體接觸時，導致TH2 細胞過度活化，使下游免疫細胞產生大量細胞激素（Cytokine）或過敏抗體（IgE），而導致過敏現象（如過敏性結膜炎、異位性皮膚炎或鼻炎等症狀）。但是如果腸道內有足夠的益生菌，就能夠針對過敏上游源頭有效改善過敏體質。

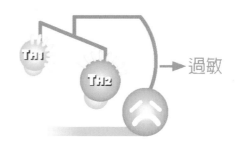

過敏的成因

身體內如果第二型T輔助細胞（TH2）的活性過高、過盛，製造較多的過敏抗體（IgE），就會出現過敏現象。

最堅固的免疫系統

**腸道絨毛、黏膜、淋巴器官構成堅固無比的防疫線，
從幼兒起，開始建立良好腸道菌群，
將是提高免疫力的保證。**

　　通常人體的免疫力降低，會從腸道開始。主要是因為我們所有吃下肚的食物，都得進入腸道進行消化、吸收的工程，因此腸道接觸到細菌、病毒或過敏原等的機會很多，所以說「腸道是病原體最容易入侵的地方」，這句話一點也沒錯。正因為如此，腸道免疫系統是人體最堅固的地方。以解剖圖來看，腸道的各個部位都駐足了最精銳的免疫細胞，就是不讓病原體有任何入侵的機會。

堅固1
有如萬里長城的絨毛

腸道絨毛的總面積是身體的5倍，
除了吸收營養，更是捍衛免疫力的戰士。

　　腸道布滿絨毛，就像萬里長城一樣，一方面可幫助人體吸收食物營養素，但一方面隨著食物的進入，也帶來各種細菌、病毒、過敏原等異物，腸道絨毛分布提高了異物可能入侵的機會，所幸絨毛之下存在許多免疫細胞，可以勇猛抵抗異物，捍衛身體的免疫力。

堅固2
反應敏捷的黏膜組織

黏膜是防範外來病源入侵的屏障，
能對大量的抗原進行識別及調控作用。

　　黏膜組織也分布在腸道，它的表面積高度褶疊密集，是人體外表皮膚面積的200倍。人體大約有70%以上的淋巴細胞在此，黏膜本身的刺激活化，可以有效誘導全身性的免疫反應。

　　每日由此處產生的抗體也在體內佔有舉足輕重的分量。

堅固3
指揮若定的淋巴器官

無時無刻不在進行的人體保衛戰，
仰仗淋巴器官，對抗各種細菌或病毒。

腸道號稱人體最大的淋巴器官，在免疫系統中如此重要，無論是發揮免疫功能，抵抗入侵異物，還是吸收有助於維持免疫功能運作所需的營養素，都與腸道密切相關，所以腸道堪稱免疫力好壞的指標性器官。

絨毛結構圖

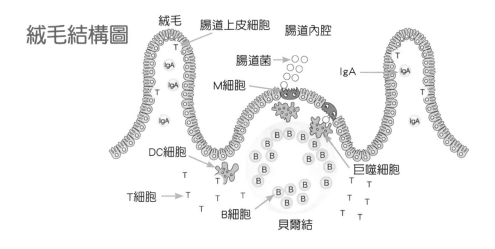

人體的免疫細胞區分為三類，分別為TH1、TH2與輔助型T細胞（Treg）。在健康狀態下，TH1與TH2會互相平衡，且共同受到輔助型T細胞調控。臺灣約有三分之一的人口，在輔助型T細胞調控能力不足時，或接觸到某些蛋白質或細小分子（如塵蟎、花粉或海鮮食物）後，TH2過度活化，導致IgE或TH2細胞激素分泌量提高，因而產生過敏症狀。

⊙保護太周全反倒使免疫系統不健全

根據許多的醫學研究顯示，我們的腸道如果沒有細菌，我們的免疫系統也就無法健全發展。

俗話說「不乾不淨，吃了沒病」，是有它的道理的。英國就有教授曾提出「衛生假說」，認為現代化社會的結果，造就了環境衛生的改善，同時也增高了抗生素的濫用，再加上家庭人口規模小等因素，減少了幼兒期的孩童接觸到微生素及各種抗原的機會，因而導致免疫系統發育不健全，或是TH1與TH2互相不平衡，反而提高了過敏性疾病的罹患率。

美國醫學期刊曾發表的研究指出，在衛生條件較差的環境中長大的幼童，過敏性疾病的罹患率反而較低。另一項歐洲的研究則發現，越清潔的飲食、越不常接觸細菌、使用越多抗生素的幼童，罹患過敏的機率越高。

⊙清潔過度更容易過敏

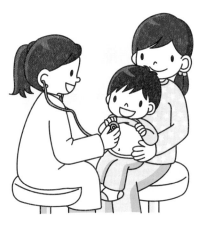

不少臨床病例也發現這個現象，有些父母擔心周遭環境充斥細菌、病毒，頻頻幫嬰幼兒洗澡「殺菌」，用了很多清潔用品消毒，結果反而出現皮膚搔癢等過敏性疾病。究其原因，可能是免疫系統缺乏刺激，無法分辨哪些是真正具威脅性的敵人，哪些則是

無害的物質，未經「訓練」的免疫系統很容易反應過度。

近期更有瑞典的研究學者指出，眾多流行病學、臨床和動物研究結果顯示，在幼兒時期經常與腸道益菌作接觸，可以有效預防IgE相關過敏性疾病。歷年來針對不同益生菌的研究文獻也驗證了上述說法，益生菌能夠輔助調整過敏體質的機制，主要為調控免疫細胞的細胞激素分泌量，因此能調整體質。IgE是過敏發生時的重要指標，而細胞干擾素γ能夠輔助TH1與TH2間的平衡，在輔助調整過敏體質中扮演極重要的角色。

專業醫師4大防治過敏方法

**善用益生菌自然療法，
能達到調整過敏體質的功效。**

防敏1
避免接觸過敏原

**先找出過敏源，才能有效避開它，
進而大大降低過敏發生率。**

治療過敏最根本、最重要的方式，其實就是避開過敏原，也就是要躲開會引發你過敏的敵人，因此首要作法是，必須先找出過敏原，然後才能有效避開它。針對過敏原檢測的結果來做環境控制，能大大降低過敏的發生機率。

值得一提的是，真正會引發過敏反應的並非活體塵蟎，而是塵蟎

的屍體及其排泄物。通常塵蟎在夏天會大量繁殖，入秋之際便會因為氣候的乾冷而大量死亡，因此，秋天可說是對塵蟎過敏者好發過敏症狀的季節，必須提早為抗敏作準備。

防敏2
藥物治療

藥物通常能緩解症狀，但是要注意副作用。

⊙藥物緩解過敏症狀

　　治療過敏的藥物，通常有抗組織胺、類固醇噴劑、類固醇口服藥等，都是針對症狀予以舒緩及治療的方法。當症狀出現的時候，透過藥物可以獲得改善，但過敏體質的人一旦遇到過敏原，即使服用控制，或多或少還是會有過敏反應，因此在過敏現象發生，服用抗組織胺與類固醇等藥物時，必須依照專業醫師的指示，同時注意是否有副作用的問題。

防敏3
免疫療法

必須透過專業醫師評估，且療程可能長達2～3年。

　　免疫療法就是所謂的減敏療法，有點類似中醫醫理中「以毒攻毒」的概念。例如抽血進行過敏時，檢測發現是對塵蟎過敏，就施打

小劑量類似塵蟎的抗原，故意去刺激免疫細胞，以強化體內免疫功能的運作，進而減緩過敏的發生。目前較常使用的減敏療法，都必須經由專業醫師予以評估，但療程可能長達2～3年之久。

在美國，減敏療法以注射療法為主，像打疫苗一樣的方式，每週施打一次，持續二個月左右，然後改為二週打一次，然後再延長為一個月打一

4大防敏法

防敏四
補充益生菌

防敏三
免疫療法

防敏二
藥物治療

防敏一
避免接觸過敏原

次，慢慢的減量。在歐洲，主要是以舌下滴劑的口服方式進行減敏治療，其引發的過敏反應不會像打針那麼強烈。國際過敏協會指出，舌下滴劑的安全性較高，不會像打針那樣引發強烈的過敏反應，患者的接受度高，可能是未來減敏治療的主流。

防敏4
補充益生菌

利用益生菌來達到腸道菌相平衡，能徹底改善過敏體質。

家中如果有個過敏體質的孩子，其父母所面臨的苦惱絕非是一般人能夠體會。根據研究指出，父母當中若有一個人有過敏體質，那麼大約有三分之一的機會會遺傳給孩子；如果父母兩人都屬過敏體質，則遺傳的機率就會更高。

醫學界發現，人體最大的免疫系統是在我們的腸道內，也就是說，擁有健全及穩定的腸道免疫功能，就能夠幫助協調全身的免疫平衡。

⊙孕婦服用益生菌能提升嬰幼兒免疫力

　　研究顯示，孕婦在懷孕期間服用益生菌，能有效幫助母親與嬰幼兒穩定過敏反應，提升免疫力。研究是針對有過敏家族史或是自身有過敏體質的婦女，結果發現在懷孕六個月後和哺乳期服用益生菌，能有效降低出生寶寶的過敏反應，寶寶出生後發生過敏機率也可以降低50％；如果在懷孕末期和哺乳期間服用益生菌，而出生後的嬰幼童在醫師指導下，適時適量補充益生菌，一樣可降低過敏的發生率。研究指出，過敏的防治若能從小開始，效果最
好，只要幼兒的腸道免疫功能健全，就能有效降低過敏的發生，或是改善過敏的症狀。而最大的關鍵在於腸道菌相是否平衡，答案為是的話，是不會誘發過敏症狀。

　　過敏疾病的症狀與部位會隨著年齡而改變，大致會遵循著異位性皮膚炎、過敏性氣喘、過敏性鼻炎的順序出現。雖然服用抗組織胺及類固醇類等藥物，可以抑制體內釋放出發炎物質，因而可快速緩解症狀，但是並無法調節免疫細胞的活性，所以只能在症狀發生時予以緩解而無法預防症狀發生，也無法徹底根治。而益生菌的自然療法，主

要就是尋求藥物以外的另類療法，利用活性、無致病性的微生物來改善體內微生物的生態平衡，進而促進體內免疫功能，以防止腸道致病菌的入侵，或干擾這些致病菌在體內的棲生移居。

⊙補充益生菌，讓腸道好菌佔優勢

　　總而言之，益生菌的補充不僅可以幫助過敏患者調節體質，使得身體中的IgE濃度降低，這樣一來，即使在過敏好發的季節碰到過敏原時，過敏原無法與體內的IgE結合，是不會引發體內一連串過敏的生化反應。從免疫細胞的活性平衡調整起，當免疫細胞活性恢復平衡時，體內的IgE濃度會明顯減少，自然不會誘發身體的過敏反應，因此能夠調整過敏體質，而藥物只能就症狀做緩解，無法調整體質。

Part 02

腸道若健康，
過敏就Bye-Bye

寶貝孩子是感冒還是過敏呢？

過敏會終生離不開「藥物」嗎？

一連串的疑問、困惑，

糾結著「家有過敏兒」的父母長輩。

提升免疫力、遠離過敏，若能從小開始效果最好。

而從「腸道」下手，補充「益生菌」，

是徹底改善過敏體質的新自然療法。

判斷是過敏還是感冒的要訣

**簡單來說，感冒是急性短期的症狀，
過敏則是慢性而長期的症狀。**

所謂過敏，是免疫系統將原本無害的外來物錯認成有害物質，所引起的一連串免疫反應，也就是說：「過敏，是人體的免疫功能出現了不平衡的狀況。」流行病學的研究調查統計顯示，台灣地區平均每三個人當中，就有一個是過敏體質，而城市的發生率又比鄉村高出許多，可見過敏問題與現代化工業的進步與過度開發、都市居住生活空間擁擠、環境及空氣的汙染等現象息息相關。

在一連串過敏的問題中，食物過敏是最初的一環，主要因為食物是人類維持生命不可缺少的物質，一旦腸道免疫系統出了錯，經由食物造成的過敏就會出現。而罹患食物過敏的同時，可能因為皮膚或支氣管等發炎而呈現各種症狀。只要在成長早期發生食物過敏者，就會反覆出現引起發炎症狀的一連串反應。

基本上，感冒的症狀只會拖個7～10天，如果天數超過了，症狀依舊沒有好的跡象，就應該懷疑有可能是過敏症狀。

總之，感冒是急性短期的症狀，過敏是慢性長期的症狀。很多家長不太清楚孩子的症狀究竟是過敏還是感冒？其實，過敏體質是有指標可供參考。

過敏體質4大徵兆

過敏症狀的出現是由外到內，
通常從皮膚問題先開始，依序伴隨而來。

1.異位性皮膚炎（或稱過敏性濕疹）：

　　許多新生兒常有皮膚紅疹現象，這並不表示一定有過敏性體質。這是一種發生於皮膚上的慢性、搔癢性疾病。而患有異位性皮膚炎的病人，也常帶有其他的過敏性疾病，如過敏性鼻炎、氣喘或蕁麻疹等，臨床症狀大略可分為兩個階段：

‧嬰兒期：一般開始於兩個月大時，在發作之前，可能已經有脂漏性皮膚炎現象。

‧孩童期：很有可能是嬰兒時期的持續發炎，也可能是在嬰兒期的異位性皮膚炎沉寂一段時間後，重新復發。

2.食物過敏：

　　有些寶寶在吃下某些食物，如喝牛奶、吃蛋、花生或海鮮類（如：蝦、蟹）食物後，會出現皮膚劇癢、出疹子，腹脹、腹瀉、哭鬧不安等症狀，這時就必須懷疑可能是食物過敏，尤其是症狀反覆出現時，更應該假設可能是食物過敏。

3.哮鳴性咳嗽：

　　有氣喘病的小孩常在幼年時就出現哮鳴性咳嗽，在呼吸道感染後出現咳嗽、呼吸急促困難、呼吸氣時帶有哮鳴聲的症狀。反覆發生的哮鳴性咳嗽與後來出現的氣喘病關係密切，有許多家長及部分醫師一直將幼年時期的哮鳴性咳嗽當做「乳喘」，以為長大了就會消失。

　　事實上有不少幼年時患有哮鳴性咳嗽的病人，會陸陸續續再發生相同的症狀，成為後來的氣喘病。值得注意的是，縱然病人一而再、再而三的在感冒後發生哮鳴性咳嗽，但大多數這類的病人在幼年時期會被醫師診斷為小支氣管炎或肺炎，而非氣喘病。

4.經常性的流鼻水、鼻塞、揉鼻子、揉眼睛：

　　有過敏體質的幼兒到了天氣變化較大的季節，尤其是春秋兩季，常出現打噴嚏、流鼻水、鼻塞、鼻子癢、揉鼻子等症狀，而且症狀去而復返累月不斷。

　　許多家長常以為他們的子女是經常「感冒」，但又老是不易醫好，卻不知過敏才是元兇。

◎評一評你或家人的過敏級數

依症狀程度填入評量分數	沒有或極少 （每週1天以下） 1～2分	有時侯 （每週 1～2天） 3～5分	時常 （每週3～4天） 5～7分	常常或總是 （每週5～7天） 8～10分	合計
1. 有過敏疾病的家族史					
2. 清晨起床後，常會連續性打噴嚏					
3. 鼻子、眼睛、喉嚨常有搔癢感，常常喜歡揉眼睛、揉鼻子					
4. 持續的鼻水倒流或出現黑眼圈情況					
5. 運動後或吃完冰冷的食物後，咳嗽不停					
6. 每次感冒都會喘鳴					
7. 慢性咳嗽，半夜、清晨時症狀特別明顯					
8. 固定的皮膚癢疹，尤其是皮帶或襪子壓迫的部位，冬天或夏天流汗時感到特別癢					
9. 接觸動物或鮮花後，即產生皮膚搔癢					
10. 經常無法集中注意力，或會頭痛、失眠					
分　數　總　計					

評量說明：40分以內，輕度過敏；40～60分，中度過敏；60分以上，嚴重過敏

過敏源頭在腸道

過敏是免疫不平衡所造成，腸內益菌群佔優勢，
免疫力自然佳，過敏就能不藥而癒。

過敏的發生率正逐年增加，各式各樣的過敏疾病，已經成為國民健康的一大威脅。家有過敏兒，不只是孩子深受其苦，父母親更是心疼萬分，千方百計想幫助孩子擺脫過敏的困擾。但是如何著手呢？

第一步，要先找出原因，而後才能針對病因改善及治療，這就要從人體最大的免疫器官「腸道」下手，解決產生過敏的因素，才能遠離過敏惡夢。

⊙腸道好菌多，身體就健康

對於生活在不同國家和地區的人而言，可能因為遺傳背景、生活方式、氣候環境有別，腸道內腸道菌群中的細菌種類以及數量也有較大的差異。但是個別來說，任何一位健康者的腸道菌群一旦完全建立，它們就會處於某種動態的平衡之中，菌叢的種類及數量都不會發生太大的變化。

當寶寶還在母親體內時，腸內的環境是處於無菌狀態，一旦出生之後，各式各樣的細菌就會經由口腔及呼吸道進入他的體內。於是，細菌爭奪腸內居留權的戰爭便展開。根據醫學報告指出，喝母乳的嬰兒腸內有較多的乳酸桿菌及比菲德氏菌（Bifidobacterium bifidum）等對腸道有幫助的益菌。

新生兒的腸胃道是處於無菌狀態，出生5～6天經由環境「取得」一些細菌；一歲以前，主要的細菌就是所謂的乳酸菌與比菲德氏菌，

比菲德氏菌是新生兒腸胃道中最早產生的
菌種。隨著嬰幼兒到了離乳期，腸內環境
才會逐漸與成人相近，並且穩定下來。一
歲以後，才慢慢轉變為成人腸胃道的細菌
族群生態，以桿菌最多。這些細菌在演化
的過程中，併入腸胃道與人體形成「共
生」狀態，除了幫助人體合成所需的維生
素K及B群，同時在體內形成一種生態平
衡，抑制其他有害菌的生長。

⊙ 母乳含有降低寶寶過敏發生率的LS益生菌

　　許多研究證實，孕婦從懷孕時期開始食用益生菌，可以有效減低
寶寶過敏發生的機率。

　　預防過敏的第二道防線就在於哺乳期間，由於母乳中含有的LS益
生菌可以降低過敏的發生，嬰兒可以透過食用母乳得到保護；一歲以
後，可添加LS益生菌於食物中，由幼兒自行食用。三歲前的幼兒，若
能儘早使用益生菌調整體質，隨著年齡的增長，極有可能改善過敏體
質達95%以上。

　　我們人體的免疫系統會隨著年齡的成長而逐漸定型，因此若能及
早使用益生菌來改變體質，會比成年後再行服用的效果高出許多，研
究指出，成人補充益生菌需要更長的時間才能顯出效果，如能越早使
用效果當然是越好，也越有機會可以擺脫過敏的困擾。無論如何，只
要能有效的預防過敏，就可以減少過敏發生機率，以及降低過敏發作
程度。

⊙腸道好菌隨年齡遞減

兩歲之前的嬰幼兒，腸內菌群分布還不穩定，在這段時期如果使用了含有抗生素處方的藥物，就會因為腸內細菌族群被破壞，引發免疫系統失調，容易產生過敏性疾病。而人體內存在的好菌本來就會隨著年齡而遞減，尤其到了老年時會更加嚴重。由於老年人的腸道機能會隨著年齡退化，加上腸道菌叢更少、蠕動緩慢，容易導致各種慢性疾病。

Dr. Su的叮嚀
吃抗生素時，要補充益生菌

當細菌感染造成喉嚨發炎、肺炎、全身性感染等發炎情形，使用抗生素治療是一種常見的方式，不過連續服用抗生素3～4天，可能會造成腹瀉，尤其是幼兒。這是因為原本用來消滅有害人體細菌的抗生素，同時也會將腸道中能抑制壞菌生長的益菌消滅，由於腸道中缺少了益菌，於是造成腹瀉的細菌就趁機更加活躍，導致腹瀉。此時補充益生菌，可大幅改善腹瀉的狀況。有研究指出，兒童在接受抗生素治療的同時，應該同時補充益生菌。

乳酸菌2大功效

**乳酸菌能改善腸道菌相，
調節免疫作用，增強人體免疫力。**

　　腸道眾多菌種中，最具代表性的有益菌當屬「乳酸菌」。早在數千年前，乳酸菌已被各民族廣泛地運用於各種食品或飲品中，如：乳酪、泡菜、酸乳等。但正式讓乳酸菌大放異彩的人，則是俄國生物學家──伊利亞‧梅基尼可夫（IlyaIlyich Mechnikov，西元1845～1916年）。他是1908年諾貝爾生物醫學獎的得主，被稱為「乳酸菌之父」，到保加利亞旅遊時，發現當地有許多超過百歲的人瑞，於是開始探討當地人長壽的原因，結果發現他們有每天飲用「酸乳」的習慣，並經研究證實，飲用酸乳有助延年益壽、長保青春，其關鍵便在於酸乳中所含的「乳酸菌」。

　　隨著乳酸菌對健康的益處被證實，乳酸菌就越來越受到大家重視，從市面上出現許多的乳酸飲料便可得知。

　　但你可能不知道，乳酸菌對腸道的作用並非單只看菌的數量，還必同時兼顧菌的種類，而菌種的重要性並不亞於菌的數量。

増強免疫力、抑制壞菌

事實上，並非所有的菌種都具有相同的功效，較常見的A菌及B菌是對健胃整腸有良好效果的菌種，能促進對乳糖與蛋白質的分解消化與吸收、增殖益菌、抑制壞菌，使腸道菌叢生態穩定，並產生抗菌物質，增加免疫力，抑制腫瘤，改善便祕，減少大腸癌發生的機率，除此之外還有助於酵素與維生素B群的合成。

另外，這幾年亦有研究證實某些特定的乳酸菌，如LS菌株可藉由定殖在腸道，刺激腸道內的免疫細胞進行免疫調節，對於過敏體質的調整，效果優異，而這類菌種需經過完整臨床測試，且需為活菌，才可發揮最佳功效。

功效 1
改善腸道菌相，健胃整腸

坊間常見的優酪乳或優格產品，
多半含有以下乳酸菌，有健腸效果。

A菌：嗜酸乳桿菌（Lactobacillus acidophilus）

　　常駐於我們的小腸，是護衛腸道健康的第一道防線。A菌主要在對抗幽門桿菌、沙門桿菌及宋內氏桿菌，成果相當卓越。

B菌：雙叉桿菌（Bifidobacteria）、比菲德氏菌

　　研究指出，隨著年齡增加，B菌數量也逐漸減少，因此許多學者認為B菌是嬰幼兒預防腸道問題很重要的菌種。

C菌：凱氏乳桿菌（Lactobacillus casei）

　　針對C菌改善腹瀉的情形、減少致癌物的生成等，都有相關的研究。

功效2

調節免疫，增強免疫抗體

乳酸菌能調節好菌的生長，
產生抗菌物質，增強免疫抗體。

「乳酸菌」除了能夠代謝醣類，同時也是能夠產生50%以上乳酸的一群細菌，具有這些功能的細菌包括：乳酸桿菌（Lactobacillus）、片球菌（Pediococcus）、念球菌（Leuconostoc）、鏈球菌（Streptococcus）……等。能在腸道內產生乳酸及醋酸等成分，幫助維持腸道酸性的環境，抑制壞菌的生長。

乳酸菌能分解乳糖及蛋白質，經腸道發酵後，會產生維生素B群，可促進體內養分的吸收利用，並能產生抗菌物質。而乳酸菌所分泌的乳糖，能有效抑止壞菌的繁殖，並協助體內腐敗物質的代謝，同時能調節好菌的生長、增強免疫抗體、預防毒物進入血液，以及延緩老化。

目前已知的乳酸菌菌株，多半偏好於低溶氧量、富含可溶性碳水化合物、蛋白質分解物及維生素的環境中生長，依形態又可分為「桿菌」及「球菌」兩大類；主要分為「厭氧菌」及「需氧菌」兩種。如果依發酵型態，則可分為「同型發酵」及「異型發酵」兩種；同型發酵是指醣類只產生乳酸，而異型發酵則是除了乳酸之外，還會產生其他物質如酒精、乙酸、二氧化碳等。

優質乳酸菌3大指標

好的乳酸菌具有3大共同點，
這些必要條件是選擇乳酸菌的指標。

通常存在於人體中的是屬於厭氧性乳酸菌（anaerobic bacteria），如雙叉桿菌（Bifidobacteria）；還有一種稱為兼性厭氧菌（facultative aerobic bacteria），如乳酸桿菌、鏈球菌，則是介於需氧菌及厭氧菌之間。對人體有益的「乳酸菌」共同點如下，也就是優質乳酸菌的指標：

1. 必須活菌才能維持腸道健康，到達小腸才能產生乳酸，降低腸道的酸鹼值，因為一般病原菌一定要在酸鹼值PH4以上才能存活。

2. 乳酸菌是厭氧菌，因此必須低溫存放，最好是在攝氏2～8度的環境。

3. 人類可以食用的乳酸菌，必須篩選自人體的菌種。

⊙本土菌株LS益生菌

目前已經從人體篩選出的286種菌種中，只有26株菌種可食用，不同的菌種對人體的功效不完全相同，但共同的標準是要能「耐胃酸、耐膽鹽」。其中包括一株是國人從健康的嬰兒糞便篩選出的LS（Lactobacillus Salivarius）益生菌，它是本土菌株，能「耐胃酸、耐膽鹽」，不僅符合國人體質，能就過敏體質進行調整，並補充原本存在於腸內菌數的不足，而不是增加新的菌叢。

Dr. Su的叮嚀
「乳酸菌」小詞典

　　乳酸菌是某一群細胞的總稱，能利用醣類（葡萄糖、果醣、蔗糖、乳糖等）生長並生成乳酸。

　　乳酸菌的種類非常多，是棲息在人類腸道系統中最主要的有益菌，由於非常適合在牛乳中生長，並賦予適口的酸味及豐富的風味，因此從遠古時代就一直被人類利用來製作酸酪乳。可用作生產酸酪乳的乳酸菌有很多種類，依照國際酪農聯盟規定，酸酪乳的製造菌種是嗜高溫鏈球菌、以及保加利亞乳桿菌二類。但我國國家標準中並沒有限制菌種的種類。國內常用來生產酸酪乳的乳酸菌種類如下：

(1) 乳酸鏈球菌屬為球形，並連結成鏈鎖狀：如嗜熱乳鏈球菌、乳酸鏈球菌、乳酪鏈球菌。

(2) 乳酸桿菌屬為細長棒狀，有時數個桿菌連接在一起：如保加利亞乳桿菌、嗜乳酸桿菌、凱氏乳桿菌。

(3) 雙叉桿菌屬國內譯名為比菲德氏菌或比福多菌，為桿狀菌，通常呈X或Y字形，有時會有V字形、彎曲形、紡錘形或棍棒形等形態。

◎乳酸菌種類

球
菌

桿
菌

乳酸鏈球菌

乳酸桿菌

雙叉乳桿菌

益生菌10大功效

**益生菌是調節腸道菌群和免疫系統平衡機制，
降低過敏反應的微生物。**

腸道裡有好菌和壞菌，而其多寡比例和我們的健康息息相關。對於所謂的好菌，在1965年時，Lilly與Stillwell這兩位學者提出了「益生菌」（Probiotics）這個名詞，意思是：「經過篩選而得，原本就存活在人體的益菌。」但後來被廣義解釋，像乳酸菌、納豆菌等有益人體的微生物，也可稱為益生菌。益生菌的英文名「Probiotics」源自希臘語，即「For Life」，代表「有益生命」的意思。根據世界衛生組織（WHO）與聯合國糧食及農業組織（FAO）的定義：「當補充給予人類或動物，同時可以藉由增進其腸內菌叢之品質而為宿主帶來助益的單一或數種微生物，都可稱為益生菌」。

益生菌是腸道內的益菌，腸道是身體最大的免疫防衛線，所以益生菌是健康的守護者，其主要功能如下：

1. 降低過敏反應的程度，產生抗菌物質，增強宿主的免疫力，與致病菌競爭產生保護效應，對免疫細胞的營養支持作用。
2. 誘發免疫細胞活性化。

3.穩定腸道菌相，去除腸內病菌、降低大腸癌風險。

4.降低腸道酸鹼值、降低膽固醇含量。

5.與致病菌競爭，可在腸道上皮細胞附著及形成屏壁作用。

6.維持腸道表面保護層的完整免疫調節作用。

7.促進營養作用，提供短鏈脂肪酸、促進維生素B群及維生素K維生素合成及酵素產生。

8.促進乳糖消化，改善乳糖不耐症

9.改善抗生素所導致的腸道益菌數量減少。

10.解除習慣性便祕。

守護身體健康的益生菌其實只是一種統稱，它包含幾種菌屬，包括屬於乳酸菌的比菲德氏菌、納豆菌、LS菌……等，而這類吃了對人體有益的活菌大概有幾十個屬，「乳酸菌」就是其中的一屬。

◎益生菌功效驚人

益生菌的確切功效	益生菌的潛在功效
促進乳糖的消化，改善乳糖不耐	緩解感染性腸炎症狀
降低腸道酸鹼值	緩解急性腸炎症狀
調節腸道菌群	改善便祕
調節免疫系統	控制感染
降低過敏反應的程度	產生抗菌物質，增強宿主免疫力
穩定腸道菌相，去除腸內病菌	降低大腸癌風險
改善抗生素所導致的腸道益菌減少情形	降低膽固醇含量

（註：同一益生菌株並不具備所有的功效）

益菌生能增加體內益生菌

能使腸內益生菌增加的食物，
我們稱它為「益菌生」。

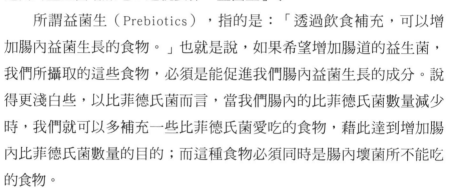

　　益生菌對我們的健康如此重要，相信你一定很想知道怎麼做才能使我們腸道內的益生菌增加吧？這就要靠「益菌生」了。

　　所謂益菌生（Prebiotics），指的是：「透過飲食補充，可以增加腸內益菌生長的食物。」也就是說，如果希望增加腸道的益生菌，我們所攝取的這些食物，必須是能促進我們腸內益菌生長的成分。說得更淺白些，以比菲德氏菌而言，當我們腸內的比菲德氏菌數量減少時，我們就可以多補充一些比菲德氏菌愛吃的食物，藉此達到增加腸內比菲德氏菌數量的目的；而這種食物必須同時是腸內壞菌所不能吃的食物。

⊙寡醣是益菌生第一名

　　益菌生的代表非「寡醣」（Oligosaccharide）莫屬。含寡醣類的食物有：黃豆粉、牛蒡、洋蔥、蜂蜜、大蒜、豆腐、花生、小麥、蠶豆、豆類、花椰菜、甜菜、蘆筍、地瓜、海藻類、香蕉、蜂蜜等等。

　　由於寡醣具有不被腸胃消化酵素分解的特性，因此能夠發揮益菌生的功效，我們補充的益菌生食物，如果在還沒到達腸道之前，就先被消化酵素所分解，就無法幫助腸內的益生菌生長。

　　值得一提的是，由於母乳中含有寡醣的成分，因此對於調理嬰幼兒腸內菌叢具有良好效果。

腸道疾病也能要人命

發炎性腸道疾病非常容易復發，
甚至形成慢性以及無法預期的致命性病程。

當我們體內好菌與壞菌的比例失衡時，壞菌會在腸道系統較弱的部位先開始繁殖。健康的腸道呈現酸性，當菌群不平衡（Dysbiosis）時會造成小腸內的不正常發酵。在大腸中，部分發酵作用會產生丁酸鹽，這是一種由大腸的比菲德氏菌所產生的單鏈氨基酸，大腸裡有越多的N型丁酸鹽N-Butyrates，則代表越健康，它使大腸有重生的力量，可以保護大腸。丁酸鹽與其他短鏈脂肪酸合併作用下，可以滋養腸道壁的細胞。

短鏈脂肪酸有乙酸鹽（acetate）、丙酸鹽（propionate）、丁酸鹽（butyrate）及戊酸鹽（valerate），這些分子通常很容易被吸收，因此透過它在糞便中的含量，可反映細胞生成及吸收間的平衡情形。

短鏈脂肪酸提供了大腸上皮細胞70％的能量來源，也是維持大腸中生態平衡的重要因子，同時也具有防止致病菌如：沙門氏桿菌（Salmonella）或志賀氏菌（Shigella）增生的作用。

當短鏈脂肪酸含量上升時，就意味著大腸的吸收不良或細菌過度增生，另外也可能是腸炎的活躍期；反之，其含量減少代表食物中纖維質不足，或腸內菌被不正常抑制。

益菌

壞菌

腸疾1
反覆發作的克隆氏症

這種慢性發炎性疾病，
很容易復發，也很難根治。

　　發炎性腸道疾病（inflamma tory bowel disease，IBD）主要有克隆氏症（Crohn's disease，CD）以及潰瘍性結腸炎（ulcerative colitis，UC）。另外，有可能與許多疾病的發生有重要關係的「腸漏症」（Leaky Gut Syndrome），也是不容小覷之腸道疾病。

　　目前對於造成克隆氏症及潰瘍性結腸炎的機制還不是非常明瞭，但有一些理論認為，某些因子（特別是病毒或細菌）會影響身體的免疫反應，進而造成腸道壁的激烈反應。更有許多專家相信，當身體內好菌的平衡打亂後，這些病毒或細菌便很容易發揮它們造成疾病的作用。因此，克隆氏症發病的原因，主要是腸子的「自我免疫功能太強」，長期處於高度警戒狀態，一直以為有外物侵入，久而久之，腸子會形成自我入侵，發生潰瘍後結痂，然後再潰瘍再結痂，如此反覆不斷的發生，最後可能導致腸阻塞。

　　克隆氏症很容易復發，也很難根治；其症狀為潰瘍、出血，從食道到直腸都可能出現，一旦發生潰瘍，會造成一個很深的孔洞，容易造成出血，形成腸道的

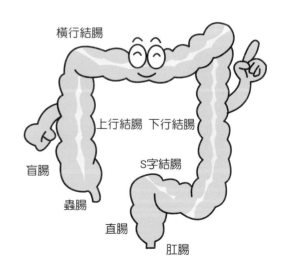

橫行結腸
上行結腸　下行結腸
盲腸
S字結腸
蟲腸
直腸
肛腸

套疊，如果糞便無法通過，就可能導致穿孔，進而併發致命性的腹膜炎。

　　克隆氏症為一慢性、全壁式（transmural）的發炎性疾病，侵犯的部位由口腔至肛門都有可能，大部分會產生直腸病變，而且還常會合併出現許多其他腸道外表現（extraintestinal manifestations）如：肝炎、貧血、結節性紅斑、關節炎、虹彩炎等，甚至有些患者還會出現皮膚膿瘡。除此之外，潰瘍的特點是鵝口瘡般潰瘍（aphthoid ulcer）、呈現縱走式或融合式的型態，且邊緣組織接近正常；病變則是跳躍及全壁式侵犯。初期黏膜的表現只是水腫，但不斷進行全壁性發炎，造成纖維化，形成緊縮的瘢痕（scar）。其致病機轉迄今雖未十分明瞭，但與免疫反應失控關係十分密切。

　　克隆氏症患者的男女比例沒有明顯差異，好發年齡為15～35歲，高峰期是20歲左右；好發在小腸與近端結腸，它會造成腸道壁的增厚，使得腸道通道變窄，甚至可能阻塞腸道。

　　導致這種情形的原因，是腸道黏膜功能不正常，包含營養吸收不良。臨床症狀包括：陣發性右下腹痛、腹瀉或便祕、體重減輕、偶爾會發燒，嚴重時會造成癌症。此外，情況較嚴重者甚至還會導致腸阻塞、腸道瘻管、巨結腸、腸穿孔等。如果口服藥物沒有效果時，醫師會建議手術治療。

　　手術主要是針對克隆氏症的合併症，以切除部分腸道為主。儘管手術可以減輕長久的疼痛，但克隆氏症通常會再復發於癒合的部位。如果能重新平衡體內細菌的族群量，可以幫助這些病患。

　　有越來越多的證據指出，發炎細胞激素與克隆氏症的發病存在重要關係，例如：細胞激素──腫瘤壞死因子-α（Tumor Necrosis Factor-α，TNF-α）。研究指出，凱氏乳桿菌或保加利亞乳桿菌可活

化腸道部位的巨噬細胞及淋巴細胞，使免疫球蛋白A（IgA）的濃度提升，並且產生細胞干擾素γ及抗腫瘤因子，以抑制腫瘤細胞形成；當然乳酸菌調整菌叢生態的功能，也使免疫系統能更有效的對抗害菌，使害菌無法存活。

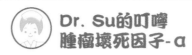

**Dr. Su的叮嚀
腫瘤壞死因子-α**

它是由人體巨噬細胞所分泌的一種細胞荷爾蒙（Cytokine），可以藉由趨化作用引導嗜中性白血球移向感染處，它還會導致發燒、嗜睡和血漿鐵濃度降低等症狀。

除此之外，之所以稱其為「腫瘤壞死因子-α」，主要是因為這個物質具有毒殺癌細胞的特性。

⊙治療發炎性腸症之益生菌5大特性

加拿大亞伯達大學教授Fedorak指出，為了有效治療發炎性腸症（IBD），使用的益生菌菌種必須具有以下五項重要特性：

1.不具有致病性。

2.能抵抗上消化道的酸性環境。

3.可以貼附在腸道的上皮組織。

4.具有產生可用來消滅病原菌物質的能力。

5.可以調整免疫系統等功能。

當然，我們不能期盼所有的益生菌都具備相同的功效，它們的差異來自於它們如何與上皮組織貼附、如何抵抗病菌，以及如何調節免疫系統。許多研究指出，在上消化道，乳酸桿菌的存活率比雙叉桿菌略高；但雙叉桿菌在消滅病原菌的能力較強。然而，在調節免疫功能上乳酸桿菌具有較大的優勢，因此用來治療發炎性腸症時，乳酸桿菌應是較有效益的益生菌。

在正常的個體中，抗原會通過上皮組織建立發炎反應，用來消除入侵的細菌。

在腸道中，輔助型T細胞會產生作用，即TH1細胞及TH2細胞。TH1細胞會對入侵者的入侵產生作用，而TH2則是為了平衡腸道內的免疫系統而作用。

當人們有發炎性腸症情形時，則是由於免疫系統無法調控已經產生的發炎作用，TH1／TH2平衡失去控制，因此發炎的反應會開始入侵自體的上皮組織，造成組織受傷，以及出現發炎性腸症的症狀。

至於益生菌在發炎性腸症中所扮演的角色是什麼呢？

病菌貼附在結腸上集結成一層，就像蛋糕上的糖衣，而益生菌能通過細菌形成的細菌層，在表皮組織表面另外形成一層。這些益生菌的功用，是可以預防病菌貼附或穿透上皮組織。

此外，Fedorak教授提到，西元2000年有一篇研究報導證明益生菌可以刺激免疫反應，該報導研究指出唾液乳桿菌（Lactobacillus salivarius）於人體細胞上的作用。研究發現，此種益生菌可以抑制上皮組織產生發炎細胞激素（如TNF-α）的能力。

腸疾2
腸漏症是百病之源

患有腸漏症的人較容易被病原菌入侵，
因此許多疾病的發生都與它有重要關係。

許多病原菌都是透過食物使我們生病，也因此如果我們的小腸絨毛受損，那麼最容易產生的狀況就是所謂的「腸漏症」（Leaky Gut

Syndrome）。

　　腸漏症是因為小腸絨毛細胞受損造成細胞間的空隙變大，會使得一些大分子物質、毒素、抗原等成分進入體內，進而產生許多的疾病。

　　研究發現，腸漏症可能與許多疾病的發生有重要關係，例如：發炎或感染性的腸疾病、慢性發炎性關節炎（包含：風濕性關節炎）、皮膚疾病（如粉刺、青春痘、乾癬等）、食物過敏（引起蕁麻疹、溼疹）、慢性疲勞症候群、慢性肝炎、慢性胰臟炎、自體過敏性疾病（如紅斑性狼瘡）等。由此得知，患有腸漏症的人比一般人容易被病原菌入侵。

　　當有病菌侵入我們的身體時，大面積腸道內側上的免疫細胞便會因此而活化，於是會產生系統發炎反應，甚至進而產生全身性的發炎。發炎作用會對組織產生傷害，使得黏膜內襯的細胞間空隙變大，如此使得細菌、病毒、真菌及其他有毒性的物質趁機得以通過屏障進入血液循環系統。

　　過寬的細胞空隙，會使得尚未分解完全的食物粒子滲漏通過腸壁，這些粒子會被免疫系統判定為外來物質，而試圖去消滅它們。

⊙益生菌有助增強腸道屏障功能

　　2001年的9月，加拿大的學者在腸胃病學中提出一個議題，他們發現益生菌製劑VSL#3可以增強腸道上皮組織的屏障功能，同時能夠抵抗沙門氏菌的入侵，這個功用可能是因為作用在黏蛋白的分泌或益生菌在腸道相關的淋巴系統上的免疫調節。

　　另有研究指出，腸道的發炎作用會造成大量的抗原通過黏膜屏

障，這會成為影響過敏性失調的一個重要風險因子。研究人員發現，乳酸桿菌及其他益生菌微生物可以幫助增強腸道屏障的功能，這樣的研究結果或許可以用來作為過敏性失調的免疫新療法。

Dr. Su的叮嚀
黏膜的特性

黏膜一般是有菌的狀態，和體內的無菌狀態不同，近來有研究發現：

· 經黏膜接種疫菌可有效誘導保護性免疫。

· 黏膜是彼此共享共通的，在一黏膜部位刺激活化，即可透過淋巴液進入血液循環，將免疫應答擴散至其他黏膜部分。

· 口服免疫，可誘導T細胞介導的全身免疫耐受性（如疾病的源頭──發炎），預防及治療過敏、發炎，以及自體免疫疾病。

· 黏膜本身的刺激活化，也可以有效誘導全身性的免疫反應。

腸內好壞菌左右過敏症狀

好菌能提高全身免疫力，緩解過敏症狀；
壞菌會毒害我們的身體，讓人生病。

簡單的說，益生菌就是能夠促進食用者健康的微生物。常見益生菌多為乳酸菌群，主要有乳酸桿菌（Lactobacillus）及比菲德氏菌（又稱為雙叉桿菌），此類菌種多半位於大腸內、大腸、小腸外、口腔等處。

腸道中有好菌，當然也有壞菌的存在，與益生菌相對立存在的，

就是有害菌，也就是會讓人生病的壞細菌，常見的如：位於上腸道的產氣莢膜桿菌（Clostridium perfringens）又稱為魏氏梭菌（Clostridium welchii）、金黃色葡萄球菌、莢膜梭菌、沙門氏菌、綠膿桿菌……等腐敗菌。這些腐敗菌最喜歡利用蛋白質，因此會產生許多氨氣、硫化氫、亞胺等物質，不但發出惡臭味，而且會毒害我們的身體，也容易導致癌症的發生。

⊙腸道內第三勢力——伺機菌

而腸道裡面更有一群投機分子———「伺機菌」，多半位於大腸內，如：大腸桿菌、類桿菌屬（Bacteroides）、優桿菌屬（Eubacterium）、厭氧性鏈球菌等，常常伺機而動。當好菌勢力強時，伺機菌就安分的潛伏著；一旦壞菌的力量變強時，伺機菌就會趁機出來煽風點火、壯大壞菌的勢力，像大腸桿菌和厭氧性鏈球菌就是伺機菌的代表。

⊙腸道菌相變化圖

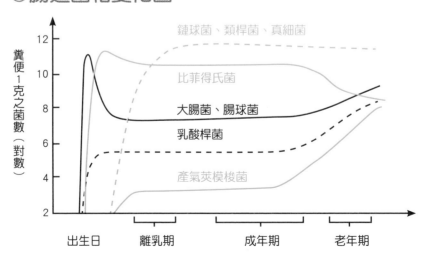

我們腸道中的菌相，就是由這些細菌所組成，這些菌相不僅是動態、變化，而且很敏銳，因此，腸道菌相與我們身體的狀況是互為影響，腸內的好菌與壞菌，在人體健康的狀態下維持著微妙的「共生關係」。

⊙乳酸菌7大腸道保健功效

從微生物生理學的觀點來看，腸道是天使與惡魔的戰爭場所，其實也就是所謂的「發酵」與「腐敗」的大對戰。

「發酵作用」指的是酵母菌的酒精發酵作用，腸道內的乳酸菌會利用體內的澱粉、纖維質、寡糖類等物質進行發酵，而產生乳酸、少量醋酸，以及二氧化碳、氫氣等，所以乳酸菌在體內的勢力強大時，腸道內的酸鹼值就會呈健康的偏酸性，於是喜歡偏鹼性的腐敗菌便不容易生存，所以排出來的糞便和氣體，味道都不會太重。同時許多科學研究證實，乳酸菌群對於腸道的保健功效有：

1. 對抗腸道壞菌，抑制腸道壞菌進行腐敗作用。
2. 改善便祕，預防腸炎的發生。
3. 強化腸道免疫防護系統，改善過敏症狀。
4. 排除體內毒素，防止致癌物質的形成，預防癌症的發生。
5. 幫助體內製造維生素B_1、B_2、B_6、B_{12}、E、K、泛酸、葉酸、菸鹼酸等，並能促進鈣質的吸收。
6. 抑制幽門螺旋桿菌的生成，有效降低胃潰瘍等胃部疾病的發生。

7.保持腸道的健康狀態，產生有益腸道的乳酸及醋酸，促進身體的免疫功能，降低腸道毒素的產生。

　　從以上乳酸菌的功效我們可以知道，腸道內好菌佔優勢，自然可以使腸道處於健康狀態，提高身體的免疫功能，遠離過敏，長保健康。

⊙壞菌是健康殺手

　　反之，腸道裡的壞菌都是屬於腐敗菌，會讓我們腹瀉、引發腸炎的細菌就屬此類。因此，當我們腸道的壞菌佔優勢時，腸道內便會不斷地進行「腐敗作用」，並產生許多有毒物質，此時我們的糞便和排氣，在味道上都會比較重而且不佳。

　　腸內壞菌經由分解蛋白質及脂肪，產生許多有害健康的物質，如果再加上不好的生活習慣、睡眠不足、壓力、緊張等因素，都會助長壞菌在腸道內的聲勢，可能會遇到的問題還包括：

　　1.因為體內產生太多的氨氣，進而影響肝臟功能。

　　2.體內的亞胺類物質，導致消化性潰瘍、高血壓、癌症等病症。

　　3.由腸道壞菌所分解出的、酚類等類物質，都是致癌的因子。

　　4.膽汁酸是為了幫助脂肪消化所分泌，但過量的膽汁酸會被腸道的壞菌——莢膜梭菌所分解，進而形成二次膽汁酸，並導致癌症。

　　由此可知，壞菌之所以壞，除了它們具有使腸道環境偏鹼性的特性外，就是它們會產出許多有害人體的毒素，更有甚者還會形成致癌物質，危害我們的生命安全。

⊙菌相失衡是疾病主因

腸道內的常駐菌，扮演了排除外來病原菌的重要角色，藉由吸附於上皮細胞之上，形成一道防止病原菌入侵的保護層，達到防護人體及阻斷病原菌入侵的效果。主要的機制除了能在腸道上皮細胞絨毛刷狀邊緣上，與外來病原菌競爭吸附位置，還能與外來病原菌競爭腸道內的營養基質，同時可以藉由腸道常駐菌代謝所產生的有機酸，或是具有抑菌功能的高分子蛋白質———抑菌素等，用以達到抑制病原菌生長的目的。

人體會因為一些內在與外在的因素，使得體內的的菌相失衡，形成壞菌多於好菌的情況。這些致使腸內菌相失調的原因包括：人體的自然老化、飲食不均衡、暴飲暴食、使用抗生素、壓力、疲勞、營養失調、便祕、疾病、氣候變化等，一旦菌相不平衡，就很可能導致疾病。透過補充腸道益生菌或相關保健食品，有助於維持腸道菌叢的自然平衡，如此一來，排便自然會順暢，腸子也會更健康。

腸道內的菌相非常敏銳，可以感知我們身體的微小變化，當我們處於健康狀態時，體內菌相的自我調適能力就會很強；一旦我們身體處於健康欠佳的狀態時，腸道裡的壞菌趁機得勢，會使得身體的情況更糟。因此，我們要幫身體裡的好菌組織一個「應援團」，讓壞菌沒有機會作怪，最好的方法就是多補充有益健康的益生菌。

⊙腸道菌是人體必要器官

美國史丹福大學的大衛·雷蒙教授（David A. Relman），於2005年發表論文指出：

「腸道菌是人體的『必要器官』（essential organ），它們提供養

分，調控腸道細胞的發育，以及誘導免疫系統的發展，但令人驚訝的是，我們對它們的認識如此不足。」意思是說，這群體內的腸道菌，並不是外來的寄生者，而是與身體共存的必要「器官」，並與人體構成一個「超級生物體」。

現代人飲食習慣的改變，造成腸道菌相之改變，導致糞便內某些和癌症有關的酵素增加，而促進致癌物的產生，增加罹患結腸癌的機會。透過乳酸桿菌的作用，能夠降低糞便內致癌酵素的濃度，減少罹癌的機會。經腸道益生菌代謝所產生的短鏈脂肪酸，一方面能夠刺激大腸與小腸的腸壁上皮細胞之增殖與分化；另一方面，其中的丁酸也可有效抑制腸道內腫瘤增生與分化。益生菌能夠藉由活化巨噬細胞，進而強化人體免疫力。同時也具有刺激活化淋巴細胞的能力，使得IgA的濃度增加，並產生IFN-γ干擾素，以刺激免疫系統抑制腫瘤的形成。

好菌vs壞菌大作戰

好菌～益生菌

分解澱粉、纖維質、寡糖，產生乳酸、醋酸，使人體腸道保持酸性，產生無臭體二氧化碳、氫氣，使人排便順暢、免疫力增強、精神好、膚色佳，預防癌症。

對抗

壞菌～有害菌、伺機菌

分解蛋白質、脂肪，產生惡臭、有毒且致癌性高的氨、硫化氫、亞氨、酚等毒素，使人便祕、下痢、免疫系統減弱、精神差、膚色暗沉、毒素循環全身。

免疫系統的驚異防護功能

免疫系統是人類與生俱來的特異功能，
具有層層防線保護身體。

免疫系統是生物體內一個能辨識出「非自體物質」，通常是外來的病菌，從而將之消滅或排除的整體工程之統稱。它能從自身的細胞或組織辨識出非自體物質，小自病毒，大至寄生蟲。所有植物與動物，都具有先天免疫系統。免疫系統並非完全有效，因為病菌會不斷演化來感染宿主。

澳洲免疫學家弗蘭克‧伯內特（Frank Macfarlane Burnet）於1960年獲得諾貝爾生理醫學獎的肯定，他確立了免疫的基礎理論。伯內特指出，當病菌入侵身體的同時，免疫系統會立即合體，並同時啟動，是極為精密且複雜的生物現象，而人體免疫系統有五大特性：

1.可辨識自己與異己：

　　對於構成人體的物質，不會產生反應。

2.可辨識安全或危險：

　　會排除對身體有害的病毒，但不會排斥與人體共生的細菌。

3.多樣性：

　　可與所有的入侵者，也就是構造相異的抗原相結合，免疫系統中的免疫球蛋白就具有相當強大的結合力。

4.特異性：

　　具有相當強的辨別力，對於入侵身體的每一個抗原都能進行嚴密的監控，就算是略有不同構造的抗原體，也能清楚的辨示。

5.記憶性：

　　一旦身體製造出免疫的抗體，就能徹底的記憶抗原體，不會忘記。

黏膜是首要防線

黏膜與淋巴組織緊密相連，
能對大量抗原進行識別及調控作用。

我們人體的消化道、呼吸道和泌尿生殖系統，都是由黏膜構成其表層。黏膜是免疫系統的首要防線，它的表面積高度褶疊密集，是人體外表皮膚面積的200倍。黏膜同時也是致病菌的滋生源，大約有95%左右的感染性疾病和非感染性疾病都與黏膜有關。

健康的腸道需要完整的腸黏膜，其主要功能為吸收營養，及作為防範外來病源入侵的屏障。

黏膜內特有的免疫組織結構和體內廣泛分布的淋巴組織緊密相連，以往因黏膜免疫系統較血液和皮膚難以研究而被忽略。但腸道免疫細胞與全身免疫細胞的70%黏膜免疫系統，能對大量的抗原進行識別及調控作用，對有害的抗原產生免疫反應，對無害的則降低免疫反應，而且能產生獨特的分泌型免疫球蛋白IgA，多半是由管道之表層的淋巴組織分泌，如：呼吸道、腸胃道，以及泌尿生殖系統之黏膜處，而IgM為最大型免疫球蛋白，對細菌及外來之紅血球有免疫力。腸道黏膜免疫系統又可分為「誘導活化部位」及「效應部位」。

⊙黏膜4大免疫特性

一般而言黏膜是有菌的，和體內的無菌狀態不同，近來有研究發現黏膜具有4大特性：

1. 經黏膜接種疫菌可有效誘導保護性免疫。

2. 黏膜是彼此共享共通的，在一黏膜部位刺激活化，即可透過淋

巴液進入血液循環,將免疫應答擴散至其他黏膜部分。

3. 口服免疫,可誘導T細胞介導的全身免疫耐受性(如疾病的源頭—發炎),預防及治療過敏、發炎,以及自體免疫疾病。

4. 黏膜本身的刺激活化,也可以有效誘導全身性的免疫反應。

防線2
非特異性免疫

人體先天免疫系統,是對抗病原的第一道防線

非特異性免疫又稱「先天性免疫」,並不針對特殊微生物,但對大部分微生物皆有防衛作用,為對抗病原的第一道防線。舉例而言,皮膚、黏膜、皮脂腺分泌物、人體分泌物中之溶菌、胃、腸道及陰道的共生物等構成人體外部屏障,可阻止病原進入人體。

非特異免疫的反應有巨噬細胞、干擾素、補體系統、發炎等形式。

⊙3大巨噬細胞清除入侵微生物

當微生物通過人體外部屏障侵入人體,結締組織中的嗜中性球、單核球和巨噬細胞等,會快速移動並進行吞噬作用(Phagocytosis),清除入侵微生物。此類巨噬細胞又可分為三類:

1. 在肝臟中的庫弗氏細胞(Kupfkr Cell)、腦中微小膠細胞(Microglfa)及脾臟、淋巴結、肺臟與骨髓中之巨噬細胞等器官特屬巨噬細胞。

2. 嗜中性白血球(Neutrophils)。

3.單核球（monocyte），其進入結締組織後，便形成巨噬細胞
　　（Macrophages）。

⊙干擾素活化巨噬細胞

當人體遭受病毒入侵，在病毒感染初期，被病毒感染的細胞及活
化的T細胞，會釋放出干擾素（Interferons）用以活化巨噬細胞，並使正
常細胞對病毒產生抗生素。

⊙補體系統消滅致病源

補體系統指的是，用來攻擊外來細胞表面的生化連鎖反應。它由
超過20種不同的血清蛋白質組成，並以其能「補足」抗體進而消滅致
病源的能力而命名之。補體為先天免疫反應裡主要的體液性分子。許
多物種擁有補體系統，包括非哺乳動物，如植物、魚類及部分無脊動
物。

在人體內，當補體蛋白與微生物表面的碳水化合物結合，或與先
行黏附其上的抗體結合時，反應便被啟動，一旦信號被確認，會很快
地促成毒殺反應。這樣的快速反應源自於補體分子（即「蛋白」），
進行一系列蛋白解活化反應所造成的訊息放大效果。反應程序如下：
當最初的補體蛋白黏附在微生物上，它們便開始活化自身分解蛋白質
的能力，接著活化之後的補體蛋白再繼續進行活化——形成一個催化
性的連鎖反應，最初的訊息因為正向回饋而持續增強。

連鎖反應所產生的胜肽蛋白能吸引免疫細胞，增加血管的通透
性，並能調理（包覆）致病源的表面，使致病源遭受摧毀。補體在細
胞表面的堆積也能因破壞其細胞膜，進而直接導致病源的死亡。

⊙發炎是對抗感染的最早反應

發炎是對抗感染的最早反應之一。身體某一部分組織，在遭受病原體侵犯或其他因素之傷害，而在局部呈現紅、熱、腫、痛等徵狀之現象，稱為「發炎」。

長期發炎可能會引起組織細胞的長期病變，導致細胞老化速度加快，引發許多病症，甚至有癌化的可能性，甚至提早老化或死亡，不可不慎。

防線3
特異性免疫

針對不同外來物入侵身體所啟動的免疫功能，
是保護人體免於感染的免疫防線。

特異性免疫又稱「後天型免疫」，是針對病源體入侵，身體產生特定毒殺作用與抗體予以對抗。免疫系統隨著免疫層級上升而增加特異性的能力，保護人體免於感染。最直接的保護，來自整個人體體表對外界的致病原（如細菌與病毒）的物理隔離。

如果致病原破壞體表，則先天免疫系統會做出立即、但不具特異性的反應。倘若致病原躲過先天免疫反應，脊椎動物會出現第三層保護，即「後天免疫系統」。其中，免疫系統會適應感染時的反應而後改善它對致病原的辨識能力。此改善過的反應會在致病原清除後，以免疫記憶的方式保留起來，以後同一致病原若再度感染時，人體能有更快，更有效的攻擊方式清除之。特異性免疫又分為細胞性免疫、體液性免疫。

⊙4大T淋巴細胞的功能

　　T細胞是淋巴細胞的一種，在免疫反應中扮演重要的角色，按照功能和細胞表面標誌可以分成很多種類：

1.殺手T細胞（cytotoxic T cell）：

　作用為消滅受感染的細胞。這些細胞的功能就像一個「殺手」或細胞毒素那樣，因為它們可以對產生特殊抗原反應的目標細胞進行毒殺。

2.輔助T細胞（helper T cell）：

　在免疫反應中扮演中間過程的角色，它可以增生擴散，以刺激活化其他類型的免疫細胞產生直接免疫反應。T細胞調控或「輔助」其他淋巴細胞發揮功能。它們是已知的HIV病毒的目標細胞，在愛滋病發病時會急劇減少。

3.調節／抑制T細胞（regulatory/suppressor T cell）：

　負責調節人體免疫反應。通常維持自身耐受和避免免疫反應過度損傷自體的重要作用。

4.記憶T細胞（memory T cell）：

　在二次免疫應答中扮演重要的作用。

⊙會記憶病毒的B淋巴球

　　B細胞（B淋巴球），是一種在骨髓中成熟，擔任體液性免疫，產生抗體的細胞。當遇到抗原時，部分B細胞會分化成核比例較大的大淋巴球，稱之為「漿細胞」。

　　活化的B細胞在過一段時日後會把分泌的抗體由IgM轉變為IgG。IgG在人體存在的時間較IgM長，約六個月。

　　經過第一次刺激的B細胞在過一段時間後變為記憶B細胞（memory B cells），除了分泌IgG外，記憶B細胞還能在第二次感染時以更短的時間產生更多的抗體，同時，記憶細胞在人體對特定抗原的感染而言有終身保護作用。這也是施打疫苗能保護一個人免受特定病菌感染的原因。

Dr. Su的叮嚀
認識TH1及TH2細胞

　　人體各處布滿了密密麻麻的血管，淋巴球會從血管中不斷滲出，進入身體的淋巴系統。我們人體的淋巴球包含T淋巴球及B淋巴球（也就是T細胞和B細胞），而T細胞會製造多種細胞素，可用來控制增生或分化免疫細胞的蛋白質分子。T細胞會分化成TH1或TH2細胞，而此分化的過程也會影響到作用細胞（Efector Cells）產生不同的結果。T細胞根據它細胞荷爾蒙產生的不同，可分成二類：

　　・TH1細胞幫助殺手細胞，活化巨噬細胞，對細胞性免疫反應有較大的幫助。

　　・TH2細胞幫助B細胞，尤其是IgE的產生，活化嗜伊紅細胞（eosinophil）或肥大細胞（mast cell）。當體內有寄生病及過敏性疾病時，此一白血球有血內增加趨勢，反應過多時會造成過敏性疾病。

　　TH1和TH2具有某一方活性化時，另一方就受到抑制的結構特性（如蹺蹺板的關係）。

過敏是免疫性疾病

近代多種研究顯示，
治療過敏必須從腸道著手。

　　免疫性疾病大致可以區分為以下三類，其中的過敏疾病，又根據過敏反應的作用，可細分為四種類型。

⊙免疫性疾病分三大類

1.自體免疫疾病：

　　當免疫系統無法辨識自己的抗原，進而造成淋巴球活化與B淋巴球產生自體抗體，所引發的發炎反應與器官損傷，即稱之為「自體免疫疾病」（Autoimmunity Disease），如重症肌無力、類風濕性關節炎、風濕熱、腎絲球腎炎、全身性紅斑性狼瘡等，皆屬自體免疫疾病。

2.免疫複合體疾病：

　　細菌、寄生蟲或病毒感染都可能引起免疫複合體疾病（Immune Complex Disease）。自體抗原和自體抗體所形成的複合體也可能造成免疫複合體疾病，如類風濕性關節炎及全身性紅斑性狼瘡。

3.過敏疾病：

　　免疫系統對於一些基本上無害的外來物產生不正常的過度反應，稱為過敏。

　　具體來說，過敏就是將外來物，如細菌、病毒、花粉、灰塵等物質解讀為有害的物體而產生免疫作用，使免疫細胞中的肥大細胞開始活化，釋出組織胺，組織胺會引起微血管擴張、血管通透性增加、發

癢、平滑肌收縮和反射等一連串的作用，小則皮膚出現紅斑麻疹，重則導致腫脹、發熱等炎症表徵。

⊙4種過敏類型

有關過敏疾病，又可細分為四種類型：

1.第一型：

就是我們一般常提到的過敏症狀，例如：氣喘、鼻炎、異位性皮膚炎、過敏性結膜炎、全身性過敏反應等都屬第一型。第一型過敏的IgE都會升高，多半為接觸自然環境的過敏原或是本身過敏體質所引起。對於有助於改善過敏的益生菌，其所能改善的過敏問題是最常見的第一型過敏。

2.第二型：

藥物過敏、輸血反應的過敏。

3.第三型：

自體免疫問題，如類風濕關節炎、紅斑性狼瘡等屬於第三型。

4.第四型：

第四型則為接觸特定的化學物質所引起，屬於較少見的過敏。

常見的第一型過敏症狀大致如下：

（1）蕁麻疹

蕁麻疹是一種皮膚病，俗稱風團或風疹塊。

引起蕁麻疹的原因很多，常見原因之一是身體對某些外來物質或刺激產生過敏反應，例如：昆蟲叮咬；或冷、熱、風、日光等的物理性刺激；花粉、萱麻等植物性刺激；吃了魚、蝦、蟹等「發物」；注射血清、青黴素等藥物；病灶感染或腸寄生蟲感染產生的毒性物質刺激等。

（2）氣喘

　　氣喘，又稱哮喘，是一種呼吸道疾病，屬於慢性疾病。主要症狀有呼吸困難、喘鳴（當患者呼吸時，胸腔有共鳴的聲音）、胸悶與慢性咳嗽，嚴重時可能窒息。有些哮喘患者會有慢性呼吸困難。其他患者由於接觸一定數量的過敏原，會出現斷斷續續的病徵，包括上呼吸道感染。

　　根據醫學上對氣喘診治的定義，長期的呼吸道慢性發炎反應就是典型的氣喘。由於發炎細胞長期浸潤在呼吸道表皮下層而造成慢性發炎，氣喘患者幾乎都需要終生治療。當發炎症狀因外在或內在的因素而變得更嚴重，且造成呼吸道敏感，分泌痰液的黏液細胞增加時，就需要給予積極治療。

　　誘發氣喘發作的因素很多，包括：

1.過敏原：

　　如花粉、黴菌孢子、塵蟎、動物毛屑……等，都是常見的過敏原。

2.感染：

　　無論是病毒、細菌或黴菌的呼吸道感染，都可引起呼吸道發炎而誘發過敏反應。

3.氣溫的變化：

　　尤其是氣溫驟然降低時。

4.藥物：

　　如貝他交感神經阻斷劑、阿斯匹靈、某些食用色素……等。

5.運動：

　　某些病人可能因為運動而誘發氣喘，尤其是較激刺的運動，或是在乾冷環境下從事運動。

6.其他：

如油漆、香水、香菸、空氣污染、月經週期的變化、情緒變化、胃食道逆流……等因素都有可能誘發氣喘。

當接觸過敏原後，B細胞立即產生不正常的反應，如結膜炎、過敏性鼻炎、過敏性氣喘，異位性皮膚炎（蕁麻疹）等，皆屬立即型反應的過敏。而在接觸過敏原的24～72小時後，才由T淋巴球產生不正常的反應，此類過敏症狀如接觸某些有毒植物引發的接觸性皮膚炎等，為遲發型反應的過敏。

益生菌與免疫調節作用

**調整失衡的免疫系統，
自然減緩過敏症狀，是益生菌特性。**

乳酸菌的細胞壁組成含有胜肽聚醣（peptidoglycan），可以活化免疫反應，這是在淋巴細胞和巨噬細胞上，具有辨識胜肽聚醣的接受器之故。此外，胞壁酸（teichoic acid）可刺激單核球產生TNF-α與IL-6；乳酸菌的細胞萃取物可誘導巨噬細胞形態的改變，增加對沙門氏菌的吞噬能力。同時，乳酸菌在牛乳的發酵過程中，會釋放出胜肽，能夠促進分泌IgA使B細胞的數目增加。整體而言，乳酸菌能夠刺激活化免疫系統，並且增強非特異性之先天免疫力，還能夠適當調節免疫反應達到平衡狀態。

近年來遺傳性過敏疾病有增加的趨勢，除了生長於小家庭、大多攝食已滅菌的食物、接種疫苗之外，還有過分的注重衛生等因素，導

致嬰幼兒時期起與微生物的接觸機會大為減少，免疫反應趨向TH2免疫反應，使得過敏原引發IgE抗體的產生，此抗體易停留於皮膚，並引發立即的過敏反應，因此造成過敏症狀的機會大幅增加。透過益生菌的參與，能夠將TH2免疫反應調節趨向TH1免疫反應，大量產生抗發炎的細胞激素、IL-10及轉化生長因子，以緩解過度的發炎反應。

　　無論是在東方或西方社會，都正面臨免疫調節及腸道健康問題，相關疾病的發生率也正在快速增加當中，其發生原因並不能以遺傳因素一概而論；而很可能是與我們生活的形態及環境因子等息息相關。

⊙LS益生菌從過敏源頭調整體質

　　已有許多研究指出，某些特定乳酸菌菌株可應用在急、慢性腸道感染疾病上，且成效非常顯著；此外，對於食物過敏與遺傳性過敏疾病，甚至結腸癌與直腸癌等也都有預防和治療的效果。

　　研究的結果紛紛顯示，乳酸菌藉由促進宿主內部防護機制的功能和改善腸道菌相，對於腸道異常和發炎反應等疾病上的治療效果相當良好。

　　據研究證實，LS益生菌（L. salivarius）的功能便是由免疫系統著手，調整失衡的免疫系統，進而減緩過敏的發生。

　　IgE是過敏生物性指標，有過敏症狀的人IgE比正常人高出許多。動物實驗證實，LS益生菌有助於減少血清中特異性IgE抗體之生成，同時有助於促進脾臟細胞細胞干擾素（IFN-γ）分泌量。LS益生菌可以增進TH1型免疫反應，藉此調控因過敏而反應過度之TH2型之免疫反應。通常患者在食用2～4週後，自體就可以感受到症狀開始緩解，長期食用可感受到抵抗力增加，感冒次數變少等益處。

◎優質益生菌8大要件

具備條件	目標與方法
菌株特性	來源具安全性；篩選自人類來源或食品之菌株。
耐酸性	具耐胃酸與耐膽鹽；經耐受性測試。
吸附性與定殖能力	具有良好的腸道吸附性與定殖能力；使用各種實驗測試如細胞培養，在體外模擬菌株在腸道中吸附定殖能力。
競爭排除能力	具優異的競爭性，能夠有效排除並抑制病原菌的生長；進行體外與體內之病原菌競爭排除能力測試。
免疫調節功效	增進免疫調節的能力；動物與人體測試。
安全性	對消費者無健康危害；產品上市前安全測試，上市後持續監控。
加工特性	擁有良好的加工性，以及在儲存運銷期間維持菌株活性，如菌株穩定性、菌株之氧氣耐受性及大規模生產的適合性；針對各製程進行穩定性及活性評估。
健康功效	臨床試驗證實具有健康功效；人體臨床試驗以確立特定功能與食品安全性。

簡單的說，LS益生菌是透過兩種方式來影響改善過敏的免疫反應，一種是經由增加干擾素γ（IFN-γ）調控TH1型免疫反應而抑制免疫球蛋白IgE，一種是直接抑制IgE的產生來降低TH2的過度反應。

TH1跟TH2就像蹺蹺板的兩邊，LS益生菌一邊在TH1蹺蹺板輕的一方增加重量，另一邊減少過重的一方的重量，就可以重新維持輔助型T細胞的平衡，這樣就能減少過敏的發生，就是從過敏發生的源頭來調整過敏體質的意思。

益生菌的健康功效（Sarrela et al.,2002）

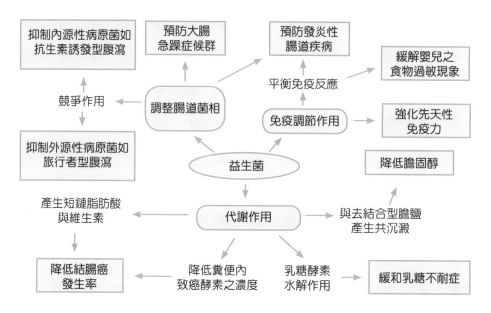

◎一般常見的過敏疾病

名稱	症狀	誘發原因
過敏性鼻炎	揉眼睛、揉鼻子、連續性打噴嚏、流鼻水及鼻塞……等	若為季節性過敏鼻炎，多為花粉與黴菌所引起，而常年性過敏鼻炎，致病的過敏原比較廣泛，例如：灰塵或塵蟎……等。
過敏性結膜炎	眼睛癢、流眼淚、灼熱感、紅眼睛及水樣分泌物……等	若為季節性過敏性結膜炎，通常是由植物的花粉或孢子所引起，而全年性過敏性結膜炎則通常是黴菌、寵物等過敏所引起。
氣喘	咳嗽、胸口悶、喘不過氣……等	誘發氣喘發作的因素很多，包括：過敏原，如花粉、黴菌孢子、塵蟎、動物毛屑……等；感染，如病毒、細菌或黴菌；氣溫變化、藥物、運動……等因素都有可能誘發氣喘。
異位性皮膚炎	紅腫、搔癢、乾燥、紅斑；丘疹及脫屑的皮膚疹……等	誘發異位性皮膚炎的真正原因還不是清楚，一般認為是由基因遺傳、環境因素（如花粉、食物），以及心理因素（如壓力、生氣）所造成。
蕁麻疹	身上突然出現一塊塊紅腫、膨脹且伴隨搔癢，類似被蚊蟲叮咬的疹子，很有可能就是「蕁麻疹」。	常見原因為身體對某些外來物質或刺激產生過敏反應，例如：昆蟲叮咬；或冷、熱、風、日光等的物理性刺激；花粉、萱麻等植物性刺激；吃了魚、蝦、蟹等「發物」；注射血清、青黴素等藥物；病灶感染或腸寄生蟲感染產生的毒性物質刺激……等。
食物過敏	噁心嘔吐、腹瀉、食物引起的皮膚紅囊……等	身體對某些特定食物所產生的不正常反應，如奶類、蛋、大麥、黃豆、花生、魚、有殼的海鮮……等

Part 03

整腸抗敏

三部曲

找對方法，事半功倍。整腸抗敏也不例外。

以下三部曲，簡單易行，

能讓你「腸」保年輕，遠離過敏。

首部曲──清除廢物

二部曲──補充好菌

三部曲──提升免疫力

首部曲——清除廢物

飲食西化或速食化、工作壓力大，日常生活作息不正常等，
都會導致腸道功能失調，體內蓄積過多「宿便」。

　　究竟什麼是「宿便」呢？宿便是指停留在腸道中過久又排不出的
廢物。正常狀況下，入口的食物經過消化道到排泄大約需要8～12小
時。這些廢物如果沒有順利排出而滯留溫度高達攝氏37度的腸道裡，
超過24～48個小時，就會產生自發性的中毒，甚至衍生許多致病毒
素，像是產生惡臭的氨、硫化氫、糞臭素、二次膽汁酸，以及致癌物
質……等。一旦這些有害物質進入大腸黏膜的血管，再經由血液循環
到身體各處，就會引發疾病或產生過敏現象。

　　例如，有害物質到皮膚，會使皮膚粗糙或長膿皰；到肺部吐氣
就有口臭……等。再者，由於宿便也會產生自由基，降低免疫力，各
種與腸道有關的疾病，如便祕、痔瘡、脹氣、腹瀉、憩室炎、胃炎、
胃潰瘍、十二指腸潰瘍、大腸激躁症、大腸息肉症、胃癌、大腸癌等
罹患機率都可能提高（參見第96頁國人常見消化道疾病及檢查建議
表）。大腸癌在國人癌症死因中逐年往上攀升，「宿便」殘留體內是
極其關鍵性的原因。有報導指出，現代人的消化速度較早期的人減緩
十分之一，也就是說現在我們需要花80～120個鐘頭才能將食物消化完
全。依照這樣的速度，我們三天前所吃的東西，可能要到今天才得以
完全消化並將便便排出來。

形成宿便4大因素

羅馬不是一天造成的，
宿便當然也不是。

　　根據醫學報導，不論胖瘦，每個人體內都有
宿便，無聲無息地囤積在大腸、小腸裡。正常人
體內平均約有3～6公斤的宿便；肥胖、便祕者體
內則有高達7～11公斤的宿便，幾乎是正常人的兩
倍之多。

　　宿便是怎麼形成的呢？一般來說，有以下這
些原因：

　　1.食用酸性食物使膽汁的酸性提高，從而導致消化不良。

　　2.結腸為了保護自己免受酸性膽汁的侵蝕而製造黏液以保護腸
壁。然而，胰腺液無法有效地將黏液清除，因此而形成黏液。

　　3.排泄物的分解。當排泄物的分解不能恰當地清除，則會覆蓋在
結腸的腸壁上，並建立一層結腸壁。

　　4.當消化完的食物經過腸道，水分將被除去及吸收進入血液。當
更多的水分被除去及再吸收，黏液在腸壁上變得更黏，失去水分的糞
便會變得更乾硬。該塗層隨著時間而變得乾燥，結腸會變得更固實和
硬化，也導致結腸蠕動不易。

⊙宿便帶給身體4大餘毒

　　1.宿便不但會阻礙營養的吸收，同時還會壓迫小腸絨毛的活力與
彈性。

宿便形成圖

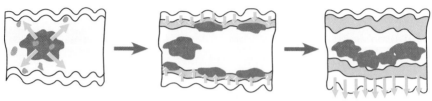

- 排泄物在結腸內分解。
- 膽汁變成更酸性。

- 黏液分泌的一種反應。
- 黏液黏在結腸的牆壁，阻止了營養的吸收。

- 宿便是由排泄物體及黏液質所集附的結殼渣垢。
- 毒素被吸附進入血液。
- 結腸變窄。

2.當宿便在我們的腸道內脹氣發酵後，會經由血液致病。小腸內的宿便，一旦發酵、脹氣後，所產生的化學毒素會汙染血液，進而逐漸循環全身，終致造成酸毒症（acidosis），同時會加重肝、腎、皮膚三大排毒器官的負擔。很容易疲勞、腳底痛、老是覺得睡不飽、皮膚粗糙，都有可能是宿便造成的。

3.宿便容易使身材變形，這是因為我們很難察覺身體裡所囤積的宿便有多少，一旦宿便撐大了小腹，還會對內臟造成壓迫，改變腹部及脊椎形狀，這也是產生肥胖的重要因素。

4.引起許多的慢性疾病，如肥胖、面皰、黑斑、便祕、痔瘡、肝病、高血壓、心臟病、脂肪肝、冠狀動脈疾病、糖尿病、腎機能障礙、風濕性關節炎、各種婦女病、結腸癌、憩室炎、大腸直腸癌及其他癌症、腫瘤等。

腸內掃毒大作戰

**清除宿便，讓毒素無法產生，
是使腸道健康的第一要務。**

　　清除宿便不僅可以維持腸道健康，強化消化吸收功能，更因為腸道是人體重要的免疫器官，70%的免疫系統都在腸道中抵禦細菌或病毒的攻擊，因此照顧好腸道就可以提升免疫力，免疫力一旦提升，過敏現象自然就會消失。

⊙腸內掃毒5大戰術

　　1.早上起床時，空腹喝500cc的溫開水。每天至少喝2,000cc的水，空腹時喝水可以刺激腸胃蠕動，對於清除宿便具有良好的效果；每天喝足夠的水，則可增加糞便柔軟度，以利糞便排出體外，並有助於新陳代謝。

　　2.適度運動可促進腸胃蠕動。散步、慢走、前胸伸展操等，都有助於清除宿便。

　　3.多吃新鮮蔬果，有助於腸道的清潔力。2至6歲的兒童，建議每天攝取5份蔬果（即3份蔬菜＋2份水果）；六歲以上兒童、少女、所有成年女性，建議每天攝食7份蔬果（即4份蔬菜＋3份水果）；青少年、所有成年男性，建議每天攝食9份蔬果（即5份蔬菜＋4份水果）。

　　4.一大瓶優酪乳加上二茶匙綠茶粉，可有效幫助宿便的排出。由於優酪乳可以改變腸內細菌生態，幫助益菌生長，對便祕及脹氣者都有效。

　　而綠茶粉含有大量的纖維質，也同樣能幫助腸胃的蠕動，兩者相

國人常見消化道疾病及檢查建議

病症名稱	好發原因	建議做的檢查
便祕	· 飲食過於精緻、蔬果或水分攝取不足 · 缺乏運動 · 作息不規律、壓力與緊張 · 懷孕 · 年紀大或臥病在床 · 長期服藥	超音波
痔瘡	· 纖維飲食或水分攝取不足 · 愛吃辛辣刺激食物 · 長期便祕或腹瀉 · 肥胖的人，尤其在減肥期間 · 懷孕及生產時的用力 · 年老而肛門鬆弛 · 長期久坐、久站或搬運重物	抽血檢查、肛門直腸觸診、直腸內視鏡
脹氣	· 習慣快速進食、狼吞虎嚥 · 嬰兒和老年人 · 罹患大腸激躁症、胃炎、消化性潰瘍等 · 假牙不合 · 服用減緩腸胃蠕動的藥物	超音波、鋇劑X光攝影
腹瀉	· 神經質、緊張，使腸胃有痙攣現象 · 抵抗力較差的老人及小孩，較易容受到病菌侵襲而腹瀉	腸胃內視鏡
憩室炎	· 中老年之憩室症患者 · 便祕 · 纖維食物攝取不足 · 細菌感染 · 藥物副作用	直腸內視鏡
胃炎	· 三餐不定、飲食不正常 · 刺激性食物，如辣椒、檸檬、咖啡等 · 愛喝冰飲、嗜冰品 · 菸癮大或飲酒過量 · 壓力大 · 老年人 · 服用止痛藥、消炎藥等	抽血檢查、胃鏡

表中列出的檢查並非每一項都要做，醫師會依據需要，進行必要檢查。

胃潰瘍	・有家族消化性潰瘍病史 ・某些慢性病患，尤其是長期服藥者 ・不吃早餐或三餐不定時 ・睡眠不足 ・精神壓力與負面情緒 ・抽菸，使胃酸增多 ・有肝硬化、原發性甲狀腺機能亢進、肺氣腫等疾病	抽血檢查、胃鏡
十二指腸潰瘍	・有家族消化性潰瘍病史 ・長期服藥，尤其類固醇與阿司匹靈 ・菸癮或酒癮 ・負面情緒與壓力，易焦慮、緊張或發脾氣 ・嗜辣或愛刺激食物者	抽血檢查、十二指腸內視鏡
大腸激躁症	・飲食習慣不良，包括食物內容不佳、暴飲暴食、生活作息不正常。 ・精神壓力與負面情緒，如憂鬱、焦慮，或有完美主義傾向 ・大腸神經異常，腸壁上存在很多神經細胞 ・腸道蠕動功能異常 ・藥物或食品添加物	抽血檢查、大腸鏡
大腸息肉症	・有大腸息肉症家族史	抽血檢查、大腸內視鏡、直腸內視鏡、電腦斷層（CT）、核磁共振（MRI）
胃癌	・有胃癌家族史 ・曾接受胃切除手術 ・慢性萎縮性胃炎患者 ・有菸癮或酒癮 ・暴飲暴食，常吃醃漬或煙燻、燒烤食物 ・精神壓力	抽血檢查、胃鏡
大腸癌	・偏好高脂肪飲食或油膩食物、低纖維飲食 ・有大腸癌家族史或息肉家族史 ・有腺癌家族史，包括甲狀腺、肺、乳房、卵巢、胃、腸等 ・患有潰瘍性結腸炎 ・有菸癮或酗酒 ・缺乏運動和體重過重的人	肛門直腸觸診、糞便潛血檢查、大腸鏡、電腦斷層（CT）、核磁共振（MRI）、正子斷層掃描攝影（PET）

加效果更好。不過要提醒腸胃不好的人不要空腹時喝，以免拉肚子。市售優酪乳含糖分較高，宜選擇無糖優酪乳，避免熱量太高有發胖之虞。

　　5.大腸水療法，可以協助清除宿便，幫助恢復腸道蠕動機能，能把腸壁洗得很乾淨。大腸水療屬於一種輔助醫療，是將清水從缸門注入結腸，在軟化、溶解宿便的同時，刺激結腸肌肉蠕動，將這些宿便排出來。除了能清除宿便，還能恢復腸胃蠕動功能，促進腸道新陳代謝改善便祕、痔瘡、脹氣、腹瀉等症狀。

⊙常見消化道疾病患者的飲食建議

1.便祕：

　　多食用富含膳食纖維的食物，如新鮮蔬果、蒟蒻、全穀雜糧類等；盡量不要濾去果汁的果渣，以增加纖維的攝取。

2.痔瘡：

　　多吃高纖維食物，少吃煎、炸、燻、烤等方式烹調的食物，忌吃辣味等刺激性食物。

3.脹氣：

　　少吃易產生氣體的食物，如蘿蔔、地瓜、洋蔥、豆類與豆製品。喝水或飲料時，避免使用吸管吸取。

4.乳糖不耐症：

　　以優酪乳取代牛乳，避免或少吃可能含有高乳糖成分的食物，如餅乾、麵包、冰淇淋、奶昔、玉米濃湯、沙拉醬、奶油等。患者若為嬰兒，應改用不含乳糖的配方奶來餵食，以免腹瀉症狀影響生長發育與健康。

5.憩室炎：

　　平日應採高纖維飲食。憩室炎發作期間，須暫停食用高纖維與其他固體食物，改採流質或低纖維飲食，讓大腸獲得休息，待康復後再逐漸恢復高纖維飲食。若有嚴重反胃、嘔吐症狀，應先禁食，並採靜脈注射補充養分。避免吃進食物中的籽，如西瓜、芭樂等。

6.胃炎：

　　採低纖維、易消化的飲食。空腹時，避免喝咖啡、濃茶，吃甜食，以免刺激胃酸分泌，加重症狀。少吃易引起脹氣的食物。避免或少喝牛奶、奶茶。注意飲食衛生，避免幽門螺旋桿菌感染。若反覆出現出血症狀，在症狀緩解後，多攝食含鐵食物，如動物肝臟、紅肉、紅、綠色葉菜類、葡萄、蘋果等。

7.胃潰瘍、十二指腸潰瘍：

　　應吃低纖維、易消化的飲食，多吃高麗菜或飲用高麗菜汁，少吃甜食。注意飲食衛生，避免幽門螺旋桿菌感染。併發出血症狀時，復

Dr. Su的叮嚀
大腸直腸癌高危險群應定期篩檢

　　腸胃疾病患者眾多，腸癌尤其嚴重威脅國人健康，平均每10萬人中就有近19人死於大腸直腸癌。

　　行政院衛生署特別推動「大腸直腸癌篩檢計畫」。若為下列的高危險群應時刻留意，定期接受篩檢：

　　1.有大腸癌家族病史的人。

　　2.曾患多發性大腸息肉或動過大腸癌手術的患者。

　　3.曾患有潰瘍性大腸炎或克隆氏病變等發炎性大腸疾病的人。

　　4.有甲狀腺癌或乳癌等腺癌病史患者。

原期間多攝食含鐵食物，如動物肝臟、菠菜、葡萄、蘋果等。若要喝牛奶，需在接受藥物治療的情況下，並先諮詢醫師與營養師。

急性胃炎病患先禁食一至數日，讓胃獲得休息調養；恢復進食時，則先食用流質食物，如米湯等，再視情況逐漸恢復正常飲食。

8.大腸激躁症：

應限制鹽、糖的攝取量，攝取適量蛋白質。多攝取高纖維食物，便祕型腸躁症患者尤其需要補充水溶性纖維，如多吃蒟蒻、燕麥等。用餐時，限制湯或果汁等液體的攝取量，以免沖淡胃酸。

9.胃癌：

採低纖維、易消化的飲食，攝取充足的蛋白質、脂肪食物。若患者接受化療，期間須採高熱量、高蛋白的飲食，並增加維生素、礦物質的攝取。進行胃癌切除手術患者，應限制醣類食物的攝取，術後由流質、半流質食物逐漸恢復軟質、一般飲食。

10.大腸癌：

避免吃太多甜食，如甜點、糕餅、甜湯、零食等。採低油飲食，包括脂肪低的肉類、烹調少用油等。低纖維飲食。多補充各類維生素、礦物質食物，尤忌燒烤、油炸食物。

腸道健康4大策略

**正確飲食習慣、規律生活作息、
適時適量運動、紓壓保持好心情。**

要讓腸道重新恢復健康，首先，當然必須以清除腸內廢物為首要任務，因此，培養「正確的飲食習慣」、「規律的生活作息」、「適時適量的運動」以及「紓壓保持好心情」，是整腸抗敏首部曲的主要策略。

策略1
培養正確飲食習慣

**建立正確飲食習慣及吃對食物，
是腸道健康首要策略。**

用餐時，盡量以八分飽為原則，同時要避免吃消夜。餐與餐之間的間隔時間約5～6小時，讓消化道有足夠的時間消化食物，這樣腸胃機能才能恢復正常。腸道消化蛋白質約需3～4小時，脂肪要4～6小時，因此蛋白質及脂肪如果攝取越多，會加重腸胃道的負擔。

三餐當中，早餐一定要吃，因為早餐可以使體溫上升，加快體內能量的代謝，而吃消夜會增加腸胃的負擔，使腸胃無法有足夠的休息時間，因此要盡量避免。

蔬菜水果中含有非常豐富的膳食纖維，可刺激腸道蠕動，建議每天至少5份以上蔬果，若能達到每天9份，是最佳狀態。

⊙膳食纖維6大清腸功效

膳食纖維可說是「整腸」最典型的成分，有腸胃清道夫之稱，換句話說，整腸排便是膳食纖維最重要的作用。其實在早期，膳食纖維因為無法被腸道消化分解的特性，被視為不具營養價值的成分，但後來經研究發現，高纖維食物對便祕、痔瘡、憩室炎、大腸癌、高血脂症、血管硬化等許多生活習慣病的防治有益，優點非常多，以下是常見作用：

1. **促進排便**：膳食纖維分為水溶性與非水溶性兩大類，具有溶於水而膨脹或吸收水分的特性。一來增加糞便的體積，1公克的膳食纖維可使糞便容積增加約20倍左右；二來增加糞便中的水分使糞便柔軟，促進腸道肌肉蠕動，以利將糞便推送出體外。

2. **防治憩室炎**：膳食纖維促進腸道蠕動，使糞便快速通過大腸的同時，也減少了腸道的壓力，對憩室炎的防治都有幫助。

3. **延緩胃排空的時間**：因為膳食纖維能溶於水或吸收水分而使體積膨脹，增加黏性，使食物留在胃中的時間增長，也可以增加飽足感。

4. **預防大腸癌**：吸收水分與具黏性的特性，可以將消化道中一些毒素、致癌物等有害物質與廢棄物吸附或稀釋，隨糞便一起排出體外，減少大腸癌的發生率。

5. **幫助益菌增殖**：膳食纖維能幫助腸內的乳酸菌大量繁殖，使益菌增加，害菌減少，從而提升免疫力，抵抗疾病。

6. **抑制與延遲糖類與脂質的消化吸收**：防止血糖急遽上升，降低血中脂質含量，幫助調節中膽固醇等作用。

⊙蔬果含豐富膳食纖維

其實，幾乎所有的蔬果都含有膳食纖維，而且多半兩類纖維都有，只是含量多寡不同罷了。

依膳食纖維的分類舉例如下：

⊙膳食纖維種類

膳食纖維種類	水溶性	非水溶性
	甘露聚醣、果膠、樹膠、骨膠原、藻酸	纖維素、半纖維素、木質素
食物來源	蒟蒻、薏仁、燕麥、米麩、南瓜、甜菜、秋葵、海藻類、蘆薈，以及大部分的水果，如蘋果、草莓、柑橘類等	糙米、麥片等穀類、豆類、全麥麵包、麥麩、乾果，與水果、蔬菜等

⊙聰明攝取膳食纖維4原則

膳食纖維有那麼多的優點，但根據不同體質或症狀，還是有一些注意事項。能夠充分了解並聰明正確地攝取，才能真正有益腸道：

1. 弛緩型便祕患者應多攝取非溶性膳食纖維。
2. 痙攣型便祕患者則應避免攝取過多非溶性膳食纖維，以免增加對腸道的刺激，使緊張、痙攣引起的便祕症狀更嚴重。
3. 有脹氣症狀的人，應暫時少吃高纖維食物，以免更加重不適感。
4. 憩室炎發作期間，則最好暫停高纖維飲食。

⊙正確喝水4原則

　　水可以幫助新陳代謝，淨化血液，調整體質，促進排便，水分約占人體的70%左右，足見其重要性。喝水不但要講求量的適切，怎麼喝也有學問，喝對了才能為健康加分。

1. 每天至少要喝5～6杯白開水（每杯約250cc），再加上正餐的湯，才能達到每天人體所需的水量，如果不喝湯的話，則需要喝8杯水。

2. 不宜等到口渴時才呼嚕灌下一大杯水，因為身體一旦出現口渴的徵兆，表示體內血液濃度已經過高，血液流動不暢，已經影響了氧氣與養分的運送，此時最好要分段喝水，分成幾次小酌幾口，使水分能夠讓腸道充分吸收。快速牛飲，水分迅速通過腸道，根本來不及吸收就送抵腎臟排出，對身體無益。

水的效用

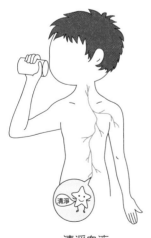

清淨血液

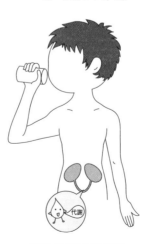

促進代謝排出廢物、有害物質

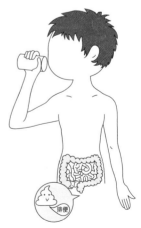

促進排便

3.人體不管是生理性或化學性的代謝，都需要水分的參與，如果身體的水分不足，體內的代謝就會下降。我們一天的喝水量與熱量需求和活動量有著密切的關係，也就是依一天所需的熱量來換算（熱量需求：水量補充＝1：1），即一大卡的熱量需要1cc的水分，而我們每天的熱量需求又與我們的體重相關，所以喝水量也可以依體重來換算。

4.注意活動量的問題，如果你持續做30分鐘以上的有氧運動，運動前建議先補充500cc的水分，因為運動的過程中一定會流汗，所以需要補充水分。如果流汗量很大，則建議每30分鐘至1個小時補充一次水分。至於運動之後要不要補充水分，則建議你先測量自己的體重，看運動前和運動後的體重差，比如：運動前你的體重是55公斤，運動後測量的結果是54.5公斤，那麼就表示有0.5公斤的水分經由流汗排出，就必須補充500cc的水。

還有一個簡單的方法，可以幫助你判定自己是否喝進足夠的水分，那就是觀察自己尿液的顏色。如果你的尿液顏色比較深，就表示喝水量不夠；如果尿液顏色比較淡，則表示你喝的水已經很足夠了。

⊙檸檬水是喝出健康零負擔的妙方

大部分的人不喜歡喝白開水的原因是沒有味道、不好喝，因此許多人會以喝茶來取代白開水。一般來說，喝茶是很不錯的選擇，因為可以幫助降低身體裡的體脂肪，茶葉裡的茶多酚可以預防心血管疾病。但在喝茶的同時，還需要注意茶裡的咖啡因含量。衛生署建議，每天所攝取的咖啡因不要超過300mg，尤其是患有心律不整、腸胃不好的人。

時下流行各式各樣的瓶裝茶類飲品，若以茶的種類來看，烏龍茶的咖啡因含量較低；如果以綠茶的咖啡因含量來換算，2250cc的綠茶，約含300mg的咖啡因，所以喝2000cc應該還不至於超過。此外，茶葉浸泡的時

間愈久，咖啡因的釋放量就愈多；如果茶葉用煮的方式，就會釋放更多的咖啡因；冷泡茶也會釋放較多咖啡因，因為冷泡茶需要泡很久的時間。

雖然白開水沒有味道、不好喝，不過我們還是可以用一些方法來改善這個問題，比如可以加點檸檬。一般來講，將一整顆檸檬榨成汁後，加入2000cc的水裡，這樣比例的檸檬水不僅有檸檬的香味而且很好喝。以促進代謝的角度來看，加入檸檬汁會比帶皮切片的檸檬更佳，因為檸檬汁含有更多的維生素c。

檸檬水除了能夠幫助細胞間質膠原蛋白形成，促使皮膚緊實有彈性外，還能干擾黑色素沉澱，具有美白肌膚效果，而且含有豐富的檸檬苦素、檸檬酸烯，能夠有效排出體內廢物，減少及毒素囤積體內，降低癌症發生率。

如果你是不喜歡喝白開水的人，不妨試試改喝檸檬水，既簡單又符合經濟原則。其他如花茶，也是很值得考慮的，因為花茶的咖啡因沒有茶葉那麼多，像夏天喝個菊花茶還滿清涼的，也可以免除白開水不好喝的問題。但是無論我們喝什麼飲料來補充身體的水分，一定要

遵守「不含糖」的原則，只有不含糖的飲料，才可以代替水。否則我們從流質喝進去的糖分是相當驚人的，絕對比你想像中還要多很多！

策略2
建立規律生活作息

規律的生活作息，才能有時間「培養」便意，
正常而順暢的排便，所以，最好從現在起好好調整作息，
立個排便時間表，定時排便。

⊙建立晨起排便的好習慣

早晨是排便的良好時機，不論有無便意，建議選擇早上的固定時間坐在馬桶上，以肚臍為中心進行按摩，藉此慢慢建立起定時排便的好習慣。另外，晨起時喝一杯水，也可以促進經一夜休養調息的腸胃恢復蠕動速度，有利排便。

規律的排便，建立在正常而規律的生活作息的前提上，紊亂的生活作息必定擠壓排便的時間。要能順暢排便，「便意」不可少，匆忙的步調往往壓抑了便意，長久下來，便意不來，便祕、痔瘡、憩室炎、大腸癌等腸胃疾病就會找上門。

⊙睡眠充足有益身體排毒

熬夜會降低身體的新陳代謝速率，有充足的睡眠，才能提高體內排毒的效率。在睡眠中，身體各器官處於休息狀態，並進行著排除體內廢物、酸性物質與自由基的工作。因此，擁有良好的睡眠品質，也能提高身體的排毒效率。

充足的睡眠是否能改善胃部不適，雖然無法完全確定，但照身體的運作來看，睡眠與胃彼此之間存在正面影響是肯定的，睡眠時，許多的生理活動趨緩，包括胃的蠕動速度減緩、胃液分泌量減少等，胃部因而獲得休養、喘息的機會，這也是為什麼許多醫師、專家一再強調不要吃消夜的原因。

在睡眠時間方面，至少應睡足6～8小時，而規律性是很重要的，若能早睡早起，效果最好，對維護腸胃健康具有正面的助益。

能夠夜夜好眠是令人羨慕的，很多人由於壓力、心理因素，或是疾病、藥物影響而有睡眠障礙，也就是一般所謂的失眠，其症狀可細分為難以入睡、淺眠、睡不安穩、時睡時醒、夢多易醒、過早清醒等。

短期的失眠會使人白天精神不振、昏昏欲睡；長期失眠則不僅會增加心理壓力，變得暴躁易怒，也會導致內分泌失調，造成肥胖、免疫力降低等症狀。

導致失眠的原因很多，如負面情緒、用腦過度、生活壓力、不良睡眠環境、季節變換、作息不正常、食物或藥物的副作用，以及疾病的影響。而要改善睡眠障礙，可以從睡眠環境、生活作息、飲食調理起。不過，如果失眠狀況維持太久，也許有疾病因素影響睡眠，最好

請教專業醫師，對症解決失眠問題。以下是一些有助於好眠的建議，有失眠困擾的人不妨試試。

⊙4帖好眠處方箋

第1帖：舒適的環境

不要開大燈睡覺，因為光線會降低褪黑激素的分泌，使人不易入睡。如果為了避免噪音干擾，可以使用耳塞。

良好的通風也很重要，但是要避免睡在風口處。可讓人熟睡的室溫，夏天為攝氏25度、冬天為攝氏12度，因此室溫要維持在最佳的睡眠舒適溫度。此外，墊被和棉被也要舒適、透氣，枕頭高度在人躺下之後為6～8公分最佳，寬度約大於肩寬為宜。

只在床上睡覺，不從事其他活動，以免因為這些活動，影響規律入睡的習慣。睡前盡量放鬆，平躺在床上，雙手雙腳打開呈大字形，手心朝上，眼睛閉起，緩緩地進行腹式呼吸，並想像身體從頭到腳開始慢慢放鬆。最好的睡姿為右側臥睡，脊柱自然成弓形。同時，不要蒙頭睡覺，雙手不要壓在胸前，也不要俯臥，以免呼吸不順暢。

上床20分鐘後，如果還無法入睡，可以起來做些輕鬆、不必動腦的活動，或聽聽輕柔的音樂，等有睡意再上床。遲遲無法入睡時，不要焦急，應放鬆心情，相信自己會睡著。

第2帖：正常的作息

避免日夜顛倒或作息不正常，盡量維持規律的睡眠時間。午睡的時間，以半小時為上限，最好不要超過，以免晚上睡不著。同時，要養成每天運動的習慣，但最好不要在睡前2小時內運動。睡前給自己一

段沉思的時間，好好整理思緒，有助安心入眠。盡量避免在睡前看刺激恐怖的電視、電影及書籍，以免心神不寧，無法入睡。晚上容易醒來上廁所者，晚間8點以後不宜大量飲水，而睡前也不宜過飽或過餓。此外，適度泡澡可放鬆肌肉與心情，有助入眠。

第3帖：助眠的飲食

晚餐避免吃過多肉類，因為肉類中的酪胺酸會在體內合成多巴胺和正腎上腺素，使精神興奮，睡意全消。多吃富含色胺酸的食物，因為色胺酸會轉換成血清素，能減緩神經活動，使人產生睡意。色胺酸含量較高的食物有：堅果類、穀類、火雞肉。同時，攝取足夠的醣類食物，因為醣類會刺激胰島素分泌，可協助色胺酸合成血清素。醣類食物有五穀根莖類。

平時可多補充維生素B群，因為維生素B群能安定神經，消除煩躁不安。多攝取鈣和鎂。鈣具有放鬆肌肉、安定神經的功能；而鎂攝取不足時，會使人焦慮不安而影響睡眠。腰果、核桃、南瓜、綠葉蔬菜等都含有豐富的鎂。

由於咖啡因會使腎上腺過度活動，同時減少褪黑激素的分泌，使人難以入眠，因此要少喝含咖啡因的飲料。食用安神中草藥，如紅棗、百合、茯苓、酸棗仁、桂圓、蓮子，能清心安神、改善神經衰弱、失眠的症狀。此外，飲用鎮定香草茶，如洋甘菊，能鎮定平滑肌，放鬆緊張的肌肉。而薰衣草能安定精神、提升睡眠品質。

第4帖：漢方安眠茶飲

名稱	作用 / 材料 / 做法
清熱安神茶	作用：清熱助眠 材料：麥冬、葛根、茯苓、茯神、百合、當歸各3錢 做法：將所有材料加水500cc，浸泡半小時後，以大火煮滾，再轉小火煮煎成半碗，去渣即可飲用
百合茶	作用：清心安神。 材料：百合100g、冰糖適量 做法：將百合放入鍋中，加水500cc，以小火煮至熟爛再加入冰糖煮1分鐘即可
薰玫茶	作用：舒壓助眠。 材料：薰衣草3g、玫瑰花3g、檸檬2片 做法：將薰衣草、玫瑰花放入保溫壺，倒入500cc熱水，悶置20分鐘後，再放入檸檬片即可
丹參茶	作用：活血安神 材料：丹參30g、冰糖適量 做法：將丹參放入鍋中，加水300cc，以小火煮20分鐘後去渣，再加入冰糖煮1分鐘即可
麥紅棗茶	作用：養心寧神 材料：小麥1兩、紅棗3錢、甘草2錢 做法：將所有材料放入鍋中，加水1000cc，以大火煮滾後，再轉小火煮15分鐘，去渣即可飲用
龍蓮茶	作用：補心脾、安神。 材料：龍眼肉5錢、去蕊蓮子4錢、芡實3錢、茯神3錢 做法：將所有材料加500cc水，以大火煮滾，再轉小火煮煎成半碗即可
酸棗仁蜜茶	作用：靜心安神 材料：蜂蜜30g、酸棗仁15g 做法：將材料放入杯中，以熱開水沖泡即可

策略3
適時適量的運動

適度的運動，
有助消化及紓解壓力。

吃進的食物進入消化系統，在通過腸道時，腸壁吸收了養分，從微血管進入血液循環，送進肝臟進行代謝後，再透過血液循環送至全身。而運動時，體內的血液會流到各個運動到的肌肉組織中，飯後馬上運動，原本該忙於應付食物的血液，這時得趕緊跑去應付運動肌肉，自然影響消化工程的進行。其次，運動會使神經中樞亢奮，影響自律神經，而腸胃蠕動、胃液分泌等都歸自律神經控制。這兩個因素使腸胃蠕動減緩，消化腺的分泌液也大為減少，即使當下沒有胃痛，長久下來，也會對胃造成傷害。

改善胃潰瘍，並沒有特別指定的運動項目，只要符合適度與適時，就是適宜的運動。所謂適度，是指避免具有競賽、賭博、突擊性質，會引起生理或心理上激烈、緊張狀態的運動，以免造成胃潰瘍患者身體負擔過重，生理紊亂，一般多會建議做做和緩、不劇烈的運動，例如伸展操、瑜珈、慢跑、太極拳、氣功等。

所謂適時，是指飯後不宜立刻運動，至少要等半小時後才能開始運動，且運動前應先做暖身動作。再說，精神壓力與負面的情緒，是誘發胃潰瘍的原因之一，適宜的運動，有助於鬆弛緊繃的肌肉、神經，紓緩壓力，平和情緒，對胃潰瘍患者有正面的影響。

以下介紹幾帖適合的運動處方。各位讀者，心動不如行動，快快動起來吧！

⊙2帖運動處方箋

第1帖：有氧運動Let's GO！

　　有氧運動是一種氧氣供應充足，持續而緩和的全身性運動，能量大多來自於體內脂肪的氧化分解，可促進新陳代謝，加速脂肪燃燒。如慢跑、游泳、騎單車、跳舞、跳繩、溜直排輪、登山、瑜伽等都是有氧運動。而過於劇烈的運動，如賽跑、跳高、跳遠以及強調肌力訓練的運動，如舉重、仰臥起坐、伏地挺身等，則是無氧運動，會導致肌肉疲勞，但無法消耗脂肪。

‧運動準則

　　1.每次20分鐘以上，才能達到燃燒脂肪的效果。

　　2.每週3～5次，超過5次會對身體造成壓力。

　　3.心跳數維持在（220／年齡）的60～80%之間，亦即雖然有點喘，但還不到上氣不接下氣的程度。

　　4.運動前要做暖身運動，運動後要做緩和運動。

　　5.運動過程中，要持續以鼻呼吸，不要憋氣，也不要用嘴巴呼吸。

　　6.適時補充水分。

　　7.穿著棉質、吸汗的衣服。

‧運動功效

　　1.增強心肺功能。

　　2.提高肌肉強度及耐力。

　　3.促進新陳代謝。

　　4.緩和憂鬱情緒，紓解壓力。

　　5.預防骨質疏鬆。

6.提高細胞活力，增強免疫力。

7.燃燒脂肪，窈窕體態。

第2帖：有氧瑜伽

　　瑜伽是一種十分緩和的有氧運動，不需任何工具，需要的空間也不大，很適合在家中進行。因為不需要特地跑出門，只要利用在家看電視的時間，就能實踐，可以說是門檻最低的有氧運動。

　　以下精選既簡單又能伸展全身，幫助身體燃脂、排毒的瑜伽動作，就連初學者也很容易上手。就從今天起，加入有氧運動一族，別再用任何理由推拖囉！

・運動前之暖身運動

　　1.頭部緩慢地向右與向左擺動10次。

　　2.聳肩再放下5次，轉動肩膀5次。

　　3.雙手向前伸直，反掌交叉，伸展手臂。

　　4.雙腳打開與肩同寬，雙手叉腰。依順時針方向扭腰5次，再依逆時針方向扭腰5次。

　　5.雙腳併攏，膝蓋略微下蹲，雙手置於膝蓋上，緩慢地轉動膝蓋。站直後，輕輕轉動手腕和腳踝。

・運動後之伸展運動

　　1.站立，雙手向上伸直，反掌交叉。踮起腳尖，雙手向上延伸，以伸展全身。維持5秒，重複3次。

　　2.站立，身體向前彎，雙手抱住腿部，伸展腿部肌肉。維持5秒，重複3次。

3.輕輕拍打全身，以紓緩緊張的肌肉。

4.以大字形躺在地上，全身放鬆，冥想3分鐘。

策略4
紓壓保持好心情

**腸胃運作與情緒息息相關，
有好心情，腸胃運作才會正常。**

　　腸道的運作受到自律神經所調控，當身體疲憊，睡眠不足，壓力大時，自律神經會混亂，就連腹部神經系統也連帶受影響，無法正常運作，影響腸道機能。

　　精神力一向就是人體對抗疾病的重要助力，適度的壓力無礙於健康，但長期處於過度壓力與負面情緒下，身心都會受影響而出現問題，尤其腸胃的運作受自律神經控制，自律神經又與情緒息息相關，所以找出自己消減壓力、開心的方法，是非常必要的，對有些人來說，運動就是一種有效的紓壓方法。

　　紓壓解鬱，能讓心靈毒素煙消雲散，身體自然運作正常。人生在世，無論是處理日常瑣事、與人交際或工作，都可能面臨壓力。這些壓力可能來自外在的人事物，也可能來自內心，常常是難以預料和掌控，也無可避免的。既然生活處處充滿壓力，而壓力又會影響自律神經、內分泌及免疫系統的運作，導致健康亮紅燈，因此我們必須學會與壓力和平共處，才能降低壓力對健康的傷害，而這可以從心靈面及生活面同時進行。

⊙7帖紓壓處方箋

第1帖：正向思考

　　研究顯示，壓力大、心情不好，常常也會導致疾病的發生，其實情緒的好壞，對於健康也有影響，因此，要保持樂觀的態度，遇到心情沮喪時，小小的難過一下無妨，但維持的時間別太長，要趕緊收拾不好的壞情緒，盡量讓自己感染愉快、樂觀的情緒，常常保持好心情，對維持記憶力也有幫助。

　　人生際遇起起伏伏，有些人總會怨天尤人，懷憂喪志地認為上天對自己不公平。然而，人生不如意十之八九，回想一下過去的挫折與苦痛，是不是都成為灌溉你逐日成長苗壯的養分，成為未來成功的基石呢？曾經以為的悲傷往事，其實將成為日後美麗故事的開端？靜下心來，你就會明白，「塞翁失馬，焉知非福」的道理。所謂的起伏都只是事物的表相，真正重要的是在過程中，你所學習和得到的東西。諸如此類的思考模式，可以運用在各種讓人難受的事件裡，讓你的心

胸越來越開闊，並充滿著陽光。而壓力對你而言只不過是偶爾飄來攪局的一片浮雲，很快就會隨風而逝了。

第2帖：適度宣洩

　　每個人都會有壓力，端看你會不會排除、會不會紓解壓力，可以在壓力來的時候，腦袋轉個彎，換個角度看事情，也許心境就會改變許多，讓自己保持彈性，壓力在無形之中就會消失。

　　當壓力突然來臨時，就算有再好的心理調適，仍難免出現本能的情緒反應。面對這些情

緒，不要壓抑或忽視它，因為這麼做並不能使這些情緒消失，反而會對內心造成另一種壓力。所以，請你勇敢地直視它吧！

想哭的時候，就盡情地哭吧。生氣時，就一定要將你的怒氣發洩出來，不管是到海邊大叫，或是在紙上狂亂塗鴉，抑或是到KTV去唱個過癮，也可以到運動場上奔跑等。只要讓這些情緒找到出口，就可以讓負面的情緒得到釋放。

第3帖：培養休閒嗜好

雖然說適時的放空腦袋，是一件好事，但想要保持健康的身心，培養自己的興趣是非常重要的。不論是看漫畫、看小說、看電影或是上網、園藝等靜態的活動；或是上健身房、逛街購物、打球、游泳……等動態的嗜好，只要是可以讓自己持續且覺得可以熱情投入的興趣，都是很棒的。

嘗試一些自己不擅長的技能，如手工藝、畫畫、騎自行車……等，也可以活化你的細胞。

日復一日地處在只有工作的生活中，將讓人的想法與行為僵化。工作可能是為求生存而不得不為的事，也可能是與夢想結合的理想事業。無論你選擇從事哪一類的工作，都應該偶爾讓自己的思緒跳脫工作，活絡另一部分的頭腦。

第4帖：懷抱圓夢動力

有夢最美！人生有許許多多的夢想等待我們去實現，只要有計畫的進行，肯付出努力去實踐，那麼夢想就會離你越來越近。

找個時間將心中的夢想列成一張「夢想清單」，並將所有的夢想以及所需的預算表列出來，例如：名牌包、出國旅行等。然後每隔一段時間，檢視你的圓夢指數，看看夢想是否成真，如此一來不但能夠增加你對生活的滿足感，同時也會因為美夢成真而將壓力消除於無

形。

第5帖：偶爾離家出走

　　偶爾也要離開家裡，出去遠行或到近郊走走，不管是在國內旅遊，或是出國旅行，只要有機會跳脫日常規律的生活環境，就可以算是「出走」。

　　盡量選擇能接近大自然的地點，無論是藍天碧海、青山綠水的廣闊景色，或是蓊鬱森林裡的盎然生機，都會讓人不自覺的敞開心胸，忘卻煩憂。

第6帖：與好友相聚

　　人際關係的溝通，有益於資訊的交流。與好友相聚，除了能適時傾吐心中不愉快的情緒，也能獲得不同的看法。

　　人偶爾也會自己鑽牛角尖，若想要走出心中的象牙塔，那麼就要懂得從不同的角度來看待事物，朋友在這個時候往往就是你最佳的幫手。

第7帖：每天留30分鐘給自己

　　一些看似讓人不以為意的小小壓力，長期累積下來，也會演變成為令人窒息的大壓力。

　　現代人的壓力指數非常高，不論是工作、生活、學業或家庭等壓力，總讓人喘不過氣來。因此，每天務必留給自己30分鐘，可書寫日記或部落格，或在輕柔音樂的陪伴下打坐冥想，也可以邊泡澡、邊按摩，回想一天當中所發生的事，以及它帶給你的情緒為何，就能適時排解這些日常生活壓力所帶給你的煩惱。

　　當然，你也可以用些激勵自己的方式，例如對著鏡子跟自己說些勵志的話語，有空就多去曬曬太陽，和自己獨處的時光也是非常重要的。

二部曲──補充好菌

補充腸道內的益生菌，營造適合好菌的環境，
就能提升免疫力，緩解過敏症狀。

當腸內廢物清除之時，也是逐漸建立起良好習慣的展開，第二步應該積極建立腸道裡的優勢菌叢，因為，解決過敏最好的方法就是維持益生菌在腸道內成為優勢菌叢，讓腸道發揮屏障功能。

建立優勢菌叢的方法，除了補充腸道內的益生菌外，更要提供這些益生菌良好的生長環境，它們才能在腸道綿延不絕的繁衍下去，維持腸道良好的功能。

所以，服用益生菌時，最好能同時補充蔬果、益菌生（寡糖、菊糖等）及水分，有助於營造益生菌的生長環境。反之，像可樂、咖啡等刺激性食品，高油脂、油炸、辛辣食物，因為不利於益生菌附著增殖，要儘量避免。

民以食為天，「食物」維繫著人的生命，食物與腸胃的關係，不僅在於維護腸胃的健康，更重要的是，食物中富含許多的營養成分，透過腸胃的消化吸收作用後，提供給全身運用，是維持生命活動重要而根本的來源。

食物中的各種營養成分都是腸胃乃至全身所需的養分，不可偏廢，以下特別舉出的益生菌、植化素、寡糖，都可使腸胃健康與緩解過敏。

補充益生菌的4大原則

選擇和補充益生菌時，

把握這4大原則，才能收到最佳效果。

　　7歲的敏國是個聰慧活潑、氣色紅潤，功課名列前矛的小男孩。不過，只有辛苦照顧他的媽媽最清楚他與過敏疾病、鼻竇炎、中耳炎奮戰的過程。

　　敏國的爸爸有過敏性鼻炎，外婆也有氣喘病史。因此他在出生後不久，臉部就開始出現異位性皮膚炎，經過藥物治療，臉上的症狀似乎消失了，媽媽也以為從此可以高枕無憂。

⊙益生菌能對付過敏五部曲

　　沒想到事與願違，敏國3歲左右時，常常一早就打噴涕、流鼻水、揉眼睛、搓鼻子，有時候異位性皮膚炎也來湊一腳，尤其是在早晚溫差大或梅雨季節最嚴重。敏國也因為三天兩頭感冒，夜晚咳嗽、鼻竇炎、中耳炎，成了名副其實的藥罐子，不論睡眠、食慾、情緒、專心度和生長發育都受到影響。

　　敏國這種情形，是典型的過敏體質。過敏的症狀與部位會隨著年齡而改變，大致會遵循著異位性皮膚炎、過敏性鼻炎、氣喘、過敏性結膜炎、慢性病，這樣的時間順序出現，就像進行曲一般，這就是所謂的「過敏五部曲」。

　　異位性皮膚炎是「進行曲」中的首部曲，主要來自食入性過敏原，常在出生後1～6個月出現；氣喘、過敏性鼻炎主要來自吸入性過敏原，症狀約在3～6歲開始顯現。

在打噴嚏過敏的治療上，除避免接觸過敏原、接受藥物治療外，有越來越多的醫學臨床證據顯示，益生菌在過敏疾病的輔助治療上，有不錯的效果。

所謂益生菌就是可以和人體共生且對宿主有正面效益的細菌，其中乳酸菌是最具代表性的益生菌。它是一個相當龐雜菌群的總稱，有數百種之多，長期以來一直用來照顧人類的健康，除了可改善腸道的

Dr. Su的叮嚀 LS益生菌株

根據實驗證實LS益生菌的特性是腸吸附能力佳，具耐酸性，菌體通常呈細長桿狀，為革蘭氏陽性桿菌，不具觸、氧化及運動性，不會產生內孢子，於好氧及厭氧環境下皆會生長。

LS益生菌對免疫調控能力是可以有效地降低IgE，以及增加干擾素γ（IFN-γ）抑制IgE來減輕過敏症狀。此類功能性乳酸菌，必須是「定居型」的益生菌，而非「過境型」的益生菌，才能在腸內形成菌種優勢，進而能綿延不絕的發揮它本身的功能。

生態，產生抗菌物質，增強人體免疫力，改善乳糖不耐症，還可降低TH2細胞所造成的過敏免疫發炎反應。

透過飲食可以增加體內的益生菌，調節腸內菌叢生態，維持菌相平衡。市售的許多乳酸菌飲料，如優酪乳、優格、乳酪與其製品、養樂多、乳果、添加乳酸菌的牛奶等，都屬於益生菌食品。

由於益生菌本身在腸道內就像過客般，無法長期在腸道繁殖生長，若要在腸道內生長及發揮有效功能，就得提供它足夠生長的必要營養素。最常廣泛被使用的是果寡糖或叫做益菌生。

所以補充益生菌時，有四個必須注意的要點：

1.益生菌需要長期不間斷的補充。很多學者建議現代人要天天且正確攝取益生菌，因為再好的乳酸菌也無法在腸道中久駐；所

以，要天天補充優質益生菌以維持健康。而由研究結果發現長期服用益生菌，更能維持腸道足夠的優勢菌相，減緩過敏症狀，改善過敏體質。

2. 除了補充益生菌之外，也要同時補充益菌生，作用在於提高腸道益生菌的菌數及增殖能力素。

3. 因為菌種不同，其功效也有所不同。一般常見的比菲德氏菌、龍根菌、保加利亞乳桿菌、鼠李糖乳桿菌等，多為針對調節消化道功能的菌種，若是過敏體質者則應挑選通過可調節過敏體質臨床試驗的菌株，如LS菌株。

4. 益生菌必須通過胃酸、膽鹽的考驗才能到達小腸，所以除非是通過「耐胃酸、耐膽鹽」測試的益生菌，例如已獲得專利認證的LS菌株，而且在食用同時，通常要採取人海戰術，每次食用至少要十億隻益生菌以上，才能提高益生菌到達腸道時，仍屬活動力超強的菌種小尖兵。

⊙不宜攝取益生菌的4種人

雖然益生菌有如此多的優點，還是有一些人不適合大量補充，他們是：

1. 切除一半以上小腸的人、曾因乳酸菌而引發敗血症等感染且免疫力低下者。

2. 痛風病患避免從豆類醱酵食品中攝取益生菌。

3. 糖尿病患與洗腎患者，最好能先與專業醫師諮詢討論後，再行攝取適合體質的功效益生菌。

4. 正在減重瘦身的人，不建議飲用市售含糖的優酪乳飲品。

◎含豐富植化素的食物

植化素名稱	作　用	含量豐富的食物
類胡蘿蔔素	・維護腸胃黏膜細胞的健康 ・誘導惡性癌細胞轉成良性，減少癌症的發生	胡蘿蔔、彩色甜椒、菠菜、甘藍菜、地瓜、南瓜、木瓜、西瓜、哈密瓜、芒果、紅番茄、柑橘類水果
葉綠素	・促進傷口療癒 ・改善胃潰瘍 ・抑制癌細胞，減少腸胃相關癌症的發生	菠菜、A菜、地瓜葉、綠花椰菜、小麥草汁等，以及大部分的綠色或未成熟而呈綠色的水果
鞣花酸	・抑制消化道病菌 ・減緩化療病患的不適	覆盆子、草莓、藍莓、蔓越莓
類黃酮素	・降低胃癌、大腸直腸癌等多種癌症的罹患率 ・其中的前花青素，具抗細菌黏附的作用，對幽門螺旋桿菌引發的消化性潰瘍尤其有益	茶、葡萄酒、大豆、豆腐、豆漿、葡萄、草莓、藍莓、蔓越莓、覆盆子、蘋果
含硫配醣體	・增加體內酵素的活性，間接清除致癌物，以維護腸胃	花椰菜、高麗菜、青江菜、包心菜、大白菜、小白菜、芥菜等十字花科蔬菜
薑黃素	・維持腸胃健康 ・保護胃黏膜，減緩胃潰瘍症狀 ・抗菌 ・抗發炎 ・降低放射線、氧化等傷害，有助於防癌 ・可清除致癌物質，抑制腫瘤的生長 ・預防大腸直腸癌	薑黃、咖哩
異硫氰酸鹽	・抑制幽門螺旋桿菌的感染，有助於降低胃潰瘍與胃癌的罹患率	十字花科蔬菜
吲朵	・使致癌物質無毒化 ・抑制腫瘤的生長	十字花科蔬菜

調整體質的植化素

這個營養大家族能維持健康、
調整與改善體質、預防疾病……。

　　植化素又稱「植物生化素」，是存在於植物中的化學物質，至今已知的有12,000種以上，還在陸續研究發現中。

　　這個營養大家族，具有維持健康、調整與改善體質、預防疾病等多而強大的作用，既是保健的營養成分，也是植物的色素成分，被視為二十一世紀營養界的超級巨星。

　　以下排列出與腸胃有關的常見成分：

⊙多吃寡糖能養一肚子好菌

　　寡糖是益生菌的營養來源，所以為了養一肚子的好菌，就該同時多攝取富含寡糖的食物—蔬菜水果，來提高益生菌在腸道的存活率。

　　寡糖主要存在於植物與微生物中，包括花生、小麥、蠶豆、豆類、花椰菜、甜菜、蘆筍、牛蒡、大蒜、洋蔥、地瓜、海藻類、香蕉、蜂蜜等。

　　由於寡糖有甜味，但甜度與熱量低，所以常被當作甜味劑使用在食品中，如含寡糖優酪乳、奶粉等。

　　寡糖不能被人體的消化酵素分解，不易消化，卻可經由腸內的益菌發酵、分解，產生氣體和小分子的代謝產物。

　　寡糖的種類很多，包括木寡糖、果寡糖、乳寡糖、大豆寡醣、蔗糖寡糖、麥芽寡糖、異麥芽寡糖、殼質寡糖等。

⊙寡糖5大護腸功效

寡糖與腸胃的關係，主要是透過刺激益生菌的生長與活性，抑制腸內壞菌的生長，發揮維護腸胃健康的作用，茲列舉寡糖的功效如下：

1. 促進營養素的吸收效率。
2. 預防或改善便祕。寡糖是益生菌的食物，在被益菌利用、發酵後產生有機酸，進而刺激腸胃蠕動，達到促進通便的作用。
3. 抑制腹瀉。
4. 減少體內有毒發酵產物的形成。
5. 降低腸胃發炎或腸癌的罹患率。

三部曲──提升免疫力

維持已建立之腸道優勢菌叢，
常保腸道健康，能提升整體免疫力。

當具有調節過敏體質的益生菌優勢菌叢建立起來後，會貼附在腸道黏膜組織上進行免疫調節。嬰幼兒的優勢菌叢建立較快，所以益生菌在腸道發揮免疫調節的速度也較快，通常一到兩週即可發揮功效；而成人因腸道老化問題較為嚴重，優勢菌叢的建立及免疫調節的速度較慢，可增加補充益生菌的量，來提升免疫調節的速度。

所以這個階段的重點，是延續第一階段的清除廢物、第二階段的補充好菌，等到優勢菌叢在腸道建立起來，就可以逐漸發揮免疫調節的作用，進而提升整體免疫力。同時，對於腸道的維護，避免刺激腸胃黏膜組織或胃液分泌過量，致使腸胃不適的症狀加重，有以下幾個

原則：

    1.少吃堅硬、不易消化食物，如動物筋的部分，此外，採煎、炸、烤烹調的食物也較不易消化，應該避免。

    2.少吃粗纖維食物，如穀類的麩皮、水果的皮及種子、豆類的外皮、蔬菜中的粗組織等。

    3.少吃高脂肪、過酸、過熱、冰冷的食物。

    4.少吃過度調味或烹調手法過度繁複的料理。

    5.少食用刺激性食物與飲料，如辣椒、咖啡、濃茶等。

    6.少量多餐、定時定量，八分飽剛剛好，避免吃得過飽而增加腸胃負擔。

    7.細嚼慢嚥，使食物與唾液充分混合，以減少對胃黏膜的刺激。

    8.在愉快、輕鬆的氣氛下用餐進食。

保持好腸的地中海型飲食

**地中海地區居民的飲食形態，
讓他們活得比較健康、長壽。**

油炸燒烤刺激性等食物會影響益生菌在腸道的活性，以及增加腸道的負擔，導致腸道老化，使得腸道環境不利益生菌的生長，因此要盡量避免。

根據美國所做的大規模研究發現，地中海型飲食的人都活得比較健康、長壽。所謂「地中海型飲食」，是指地中海地區當地居民的飲食形態。

臨近地中海的國家有南歐、北非、西亞、中東等，這些國家的政

經局勢與宗教信仰雖不盡相同，但居住在這個區域的人，心血管疾病與癌症的罹患率卻普遍低於其他地區。研究認為，與這個地區的飲食形態有著密不可分的關係。

地中海飲食的特色包括：適量的飲酒（紅酒）、肉類與肉製品的攝取減少、增加蔬菜攝取量、水果與堅果類攝取量高、橄欖油使用的比例較動物性的飽和脂肪高、豆類食物攝取量高。

健康排毒的蔬果

32種助你健康排毒的天然蔬果，讓你享受樂活順暢人生。

天然蔬果不僅含有許多人體必需營養素，有些還含有其他特殊物質，能幫助人體加速排毒。

營養師特別推薦32種蔬果，幫助你在日常生活中自由發揮料理創意，天天變化菜單，在享受樂活順暢人生的同時，又可輕鬆達到排毒的功效。

1.糙米

※營養成分

維生素B_1、B_2、B_3、B_6、E，磷、碳水化合物、蛋白質、膳食纖維

※營養師叮嚀

糙米含有豐富的膳食纖維，能增加飽足感、幫助整腸利便。另外，糙米還有助於促進新陳代謝、平衡血糖。而糙米的植物性油脂裡，含有維生素 E、米糠醇，能幫助抗老化、調節自律神經系統。

2.玉米

※營養成分

維生素A、B6、E、葉酸，鋅、鉀、鎂，亞油酸、卵磷脂、蛋白質、膳食纖維

※營養師叮嚀

玉米中所含的鎂，能夠促進膽汁分泌、腸壁蠕動，及排除體內廢物。而亞油酸屬於不飽和脂肪酸，能預防心血管疾病。維生素E則能促進新陳代謝，調節內分泌系統。因玉米不易消化，烹煮時可添加豆粉或麵粉，幫助人體吸收玉米的營養。

3.燕麥

※營養成分

維生素B1、B2、E、葉酸，鐵、鋅、鎂、鈣、磷、錳，亞麻油酸、次亞麻油酸、膳食纖維

※營養師叮嚀

燕麥含有豐富的膳食纖維，能夠促進腸胃蠕動、改善便祕。其中還有一種叫β-聚葡萄醣的膳食纖維，能降低膽固醇，再加上燕麥所含的亞麻油酸、次亞麻油酸等不飽和脂肪酸，兩者通力合作，能有效預防心血管疾病。

4.薏仁

※營養成分

維生素B群、鉀、鈣、鐵、蛋白質、油酸、膳食纖維

※營養師叮嚀

薏仁在傳統療法中，具有健胃、利尿消腫、消炎止痛等功效，促進血液和淋巴的循環，及水分的新陳代謝，能有效改善水腫現象，並排

除體內毒素。而薏仁所含的膳食纖維，能夠吸附膽鹽，阻擋腸道吸收脂肪，同時也能改善便祕。值得提醒的是，由於薏仁會造成子宮的收縮，因此懷孕期間不宜攝取。

5.紅豆

※營養成分

維生素B_1、B_2，鐵、鉀，皂角化合物、澱粉、蛋白質、膳食纖維

※營養師叮嚀

紅豆具有健脾利水、解毒消腫的功效。紅豆含有豐富的鹼質，可幫助身體解毒；皂角化合物能改善水腫，膳食纖維則能促進腸道蠕動，幫助排便。而維生素B_1也能加速醣分的分解燃燒。食用紅豆時，容易脹氣，可加鹽烹煮來幫助排氣。此外，體虛、胃腸弱者不宜多食。高血壓患者也不適合食用。

6.綠豆

※營養成分

維生素B_1、B_2、C、菸鹼酸、β-胡蘿蔔素，鈣、磷、鐵，蛋白質

※營養師叮嚀

綠豆能清熱解毒、消暑解渴、利尿消腫、明目降壓，是夏季的消暑良品。且不管是綠豆皮或綠豆仁，都具有保健功效，能改善腎炎、高血壓、視力減退等症狀。

不過因綠豆性寒，腸胃虛弱者不宜食用，且綠豆會解藥，服用中藥期間，應避免食用。

7.黑豆

※營養成分

維生素 B 群、 E，鈣、磷、鐵、銅、鎂，胺基酸、不飽和脂肪酸、卵磷脂、異黃酮素、花青素、膳食纖維

※營養師叮嚀

黑豆能補腎益陰、活血利水、解毒、明目烏髮、養顏美容。所含的豐富維生素E、異黃酮素和花青素能清除自由基，協助體內抗氧化。不飽和脂肪酸也能促進膽固醇的代謝，降低血脂。此外，黑豆還能避免脂肪堆積在肝臟、促進神經系統的健康、修復受損細胞、促進新陳代謝、潤滑腸道、軟化糞便。

8.蘆筍

※營養成分

維生素A、B1、B2、C、E、葉酸，鐵、磷、鉀、硒，必需胺基酸、膳食纖維

※營養師叮嚀

蘆筍具有滋陰潤燥、生津解渴、解毒等功效。其所含的天門冬素，能排除多餘水分、幫助代謝氮，有助於排毒及消除疲勞。此外，蘆筍富

含的葉酸和硒，都有助於提高免疫功能、增強抗癌力。蘆筍不宜生吃，久放也會纖維化，因此以生鮮時即烹煮食用為佳。此外，綠蘆筍的維生素A含量較白蘆筍高，且多聚集在蘆筍尖上。不過，因蘆筍的普林含量高，痛風患者不宜食用。

9.地瓜

※營養成分

維生素B1、B2、C、E、β-胡蘿蔔素，
鈣、鈉、磷、鐵、鉀、硒，必需胺基酸、
亞麻油酸、蛋白質、醣類、膳食纖維

※營養師叮嚀

地瓜所含的β-胡蘿蔔素和維生素E的含
量很高，大約食用一條地瓜就足夠一天所
需。而其豐富的膳食纖維和寡糖，能夠促
進腸道蠕動，增加飽足感。此外，因地瓜
為鹼性食物，能夠維持體內酸鹼平衡，促進新陳代謝。因地瓜的糖分
含量高，因此糖尿病患者、胃酸過多者，不宜多吃。

10.牛蒡

※營養成分

維生素A、B1、B2、C、菸鹼酸，鐵、鉀，菊澱粉、必需脂肪酸、蛋
白質、膳食纖維

※營養師叮嚀

牛蒡所含的熱量很低，而其豐富的膳食纖維，能刺激大腸蠕動、避
免脂肪囤積，同時也含有寡糖，能促進腸道健康，是改善便祕的好食
材。此外，牛蒡還能幫助排除尿酸、改善腎臟功能。

11.黑芝麻

※營養成分

維生素A、B1、B2、D、E，鐵、鈣、鎂、鉀、鋅、磷，蛋白質、亞
麻仁油酸

黑芝麻具有滋養肝腎、補血潤燥、通便解毒、明目烏髮、止咳平喘的功效，是十分滋補又能幫助排毒的好食材。所含的不飽和脂肪酸－亞麻仁油酸，能促進血管細胞膜的代謝，促進廢物排出。食用黑芝麻時，可先磨碎，以避免消化不良。而與含維生素C的蔬果一起食用，能幫助人體吸收其鐵質。炒過後的芝麻性較燥，不宜多食。此外，因黑芝麻所含的熱量較高，食用過量也容易發胖。

12.南瓜

※營養成分

維生素B₁、B₂、C、β-胡蘿蔔素，磷、鈣、鐵，膳食纖維

※營養師叮嚀

南瓜能補中益氣、益心斂肺、解毒殺蟲，還能促進胰島素分泌，增強肝、腎細胞的再生能力，可改善高血壓、糖尿病症狀。此外，南瓜含有甘露醇，有助於改善便祕。

13.芹菜

※營養成分

維生素B₁、B₂、C、P、菸鹼酸、β-胡蘿蔔素，鈣、磷、鐵、鉀，膳食纖維

※營養師叮嚀

芹菜除了含有豐富的膳食纖維，能增加飽足感、改善便祕之外，芹

菜還含有具抗氧化功能的植化物，可幫助人體抗癌、防老化。同時，芹菜所含的芫荽苷、甘露醇、環已六醇，能改善高血壓、神經衰弱等症狀。另外，芹菜葉所含的β-蘿蔔素和維生素C都比芹菜莖多，只要先用水快速燙過，就可去除芹菜葉的苦味了。

14.苦瓜

※營養成分

維生素B₁、B₂、C、葉酸，鉀、鈣、鐵，蛋白質、膳食纖維

※營養師叮嚀

苦瓜能清熱解毒、補腎健脾、滋肝明目，是夏天的消暑聖品。它含有一種類胰島素成分，能控制血糖；以及具抗病毒、增強免疫細胞功能的蛋白質。同時，還具有增強肝臟解毒反應、降血壓、減少血脂氧化的功能。深綠色的野苦瓜含有β-胡蘿蔔素。如果你對苦瓜的苦味很傷腦筋，可以將苦瓜切開、去籽後，用食鹽揉搓後洗淨，再快速汆燙過，就可以降低苦味。不過，苦瓜性寒，虛寒體弱者不宜多吃。

15.海藻

※營養成分

維他命B群、C、E、生物素、菸鹼酸，鈣、鐵、碘、鎂、鉀、鈉、磷，胺基酸

※營養師叮嚀

海帶、海帶芽、海苔、髮菜皆屬於海藻類，而每一種海藻所含的營養素不盡相同，但是皆含豐富的礦物質，能平衡血液酸鹼值、促進新陳

代謝、調節內分泌、增強免疫力、排除多餘水分等。海藻所含的多醣類和胺基酸，也能清除腸道廢物、降低膽固醇、排除體內毒素。

16.蓮藕

※營養成分

維生素B_1、B_2、C、β-胡蘿蔔素，鐵、鈣、磷、鉀，胺基酸、碳水化合物

※營養師叮嚀

鮮藕生吃能消瘀涼血、清熱潤肺，熟食則能健脾開胃、益血補心。同時，蓮藕常被拿來製成藕粉，可沖泡後飲用，也能健胃整腸、滋補安神。蓮藕含豐富的維生素C、鉀、鐵質，因此能幫助抗氧化、降血壓、補血、改善神經疲勞。另外，蓮藕還具有利尿作用，能促進體內廢物隨尿液快速排出。烹煮蓮藕時，避免使用鐵製及鋁製品，可使用陶瓷或不銹鋼材質，以免蓮藕加熱後變黑。購買藕粉時，也要注意是否有摻入其他添加物。

17.胡蘿蔔

※營養成分

維生素B_1、B_2、B_6、C、D、E、β-胡蘿蔔素，鉀，鈉，鈣，鐵，鎂，錳，磷，銅，鋅，碘，蛋白質、膳食纖維

※營養師叮嚀

胡蘿蔔所含的營養素十分齊全，因此能強化人體機能的運作。尤其是豐富的β-胡蘿蔔素，能維持眼睛健康、清除自由基、增強免疫功能。此外，胡蘿蔔也屬於鹼性食物，有益於腸道健康、改善便祕。由

於 β-胡蘿蔔素為脂溶性維生素，因此需與油類一起烹煮，才能被人體吸收。

18.白蘿蔔

※營養成分

維生素B2、C，鈣、磷、鐵、硫，酵素、碳水化合物、膳食纖維

※營養師叮嚀

白蘿蔔能清熱解毒、鎮咳祛痰、利尿通便，並含有糖化酵素，能幫助消化、分解澱粉和脂肪，以及芥子油能促進腸胃蠕動。此外，還含有木質素、吲哚等抗癌成分。不過，芥子油在加熱後便會消失，因此生食白蘿蔔才能有開胃效果。

19.苜蓿

※營養成分

維生素A、B1、B2、B6、B12、C、E、K，鈣、鎂、鉀、鐵、鋅、磷，胺基酸、酵素

※營養師叮嚀

苜蓿含有豐富的礦物質，因此有助於排水利尿，並能中和尿酸。同時，苜蓿所含的粗纖維，能促進腸道蠕動，幫助排便。而苜蓿所含的植物皂素，還能與膽固醇結合，並隨著糞便排出體外。此外，苜蓿的維生素E含量也很高，能強化血管、幫助抗老化。值得注意的是，由於紅斑性狼瘡及自體免疫失調症的患者，容易對苜蓿中所含的刀豆胺酸過敏，所以應避免食用。

20.香菇

※營養成分

維生素B1、B2、B12、D，菸鹼酸，鉀、鈣、磷、鐵，胺基酸、酵

素、膳食纖維

※營養師叮嚀

香菇最珍貴之處，在於它含有8種人體必需胺基酸和30多種酵素，因此有助於調節體內機能的運作。而其膳食纖維能幫助清除毒素及膽固醇，並改善便祕。除此之外，香菇還含有香菇多醣、香菇嘌呤、雙鏈核糖核酸等成分，有助於提高免疫力、降低癌症發生率、分解膽固醇，且能預防癌症及心血管疾病。由於香菇在烹煮後，比較容易釋出營養素，因此熟食比較好。

21.大蒜

※營養成分

維生素B₁、B₂、C、菸鹼酸，鈣、磷、鐵、鋅、硒、銅、鎂、鍺，大蒜辣素、蒜氨酸、膳食纖維

※營養師叮嚀

大蒜含有多種硫化合物，能有助於殺菌，因此可避免細菌感染所引起的發炎症狀。同時，含硫化合物還能抑制脂肪過氧化，有效降低壞膽固醇的產生，改善血液循環。大蒜所含的大蒜辣素，則能與維生素B₁合成為蒜胺，能強化維生素B₁的作用，促使體內能量代謝正常。其所含的鍺和硒，也能增強人體的抗癌力。由於大蒜具刺激性，因此不宜空腹食用，食用後也不宜喝熱茶、熱湯，每日不超過3瓣，以免傷胃。

22.蔥

※營養成分

維生素B、C、β-胡蘿蔔素，鈣、大蒜辣素、硫化丙烯、必需胺基酸、膳食纖維

※營養師叮嚀

蔥的鱗莖含有大蒜辣素，有助於發汗、祛痰、利尿。蔥白則富含蘋果酸、磷酸糖，能興奮神經系統、刺激血液循環。而蔥綠內側的黏液含有多醣體，能活化體內的免疫細胞，而提高人體免疫力。蔥的氣味來自硫化丙烯，能提高體內酵素活性，並避免食物中的硝酸鹽轉為亞硝酸鹽，使其無法在體內展開一連串的致癌過程；同時，硫化物也有助於提高維生素B群的作用。

23.洋蔥

※營養成分

維生素B_1、B_2、C、菸鹼酸、β-胡蘿蔔素，鈣、鐵、磷、硒，含硫化合物、膳食纖維

※營養師叮嚀

洋蔥所含的成分跟大蒜很像，含有多種硫化合物，能幫助人體吸收維生素B_1、協助抗氧化、促進新陳代謝，同時也含有硒，能幫助人體抗癌。另外，洋蔥含有前列腺素A，能舒張血管，預防動脈硬化。經其他實驗證明，還能降血糖、調和神經系統、預防骨質流失。

24.辣椒

※營養成分

維生素A、C、β-胡蘿蔔素，鈣、磷、鐵、鎂、鉀，辣椒素、辣椒鹼

辣椒的辛辣味道，能刺激人體出汗，並引起血壓變化。其辛味主要來自於辣椒素和辣椒鹼，都是有益於人體的成分。辣椒素能促進食慾、幫助消化、加快脂肪的

新陳代謝、中和體內氧化物質。辣椒鹼能抑制部分細菌生長，同時也能清除自由基，阻斷致癌物質的產生。因辣椒具刺激性，適量食用可健脾胃，過量則會引起胃潰瘍。

25.番茄

※營養成分

維生素B_1、B_2、C、葉酸、β-胡蘿蔔素，鈣、磷、鐵、鎂、鋅、硒，有機酸、番茄鹼、茄紅素

※營養師叮嚀

近年來，番茄因含有茄紅素，而成為人氣蔬果。最主要的原因，是因為茄紅素具有超強的抗氧化能力，有助於消除自由基、降低膽固醇生成、增強免疫功能。而其膳食纖維也能吸附脂肪，並隨糞便排出體外，有助於瘦身。此外，煮熟的番茄纖維組織比較鬆軟，因此其中的茄紅素更易釋放出來被人體吸收，所以吃熟的番茄比吃生番茄更有益健康。

26.酪梨

※營養成分

維生素B1、B2、B6、C、E、β-胡蘿蔔素，鉀、鎂，單元不飽和脂肪酸、必需脂肪酸、蛋白質、膳食纖維

※營養師叮嚀

酪梨一向被視為養顏美容、抗老化的聖品，不但健康也很有益處。酪梨含有豐富的單元不飽和脂肪酸及必需脂肪酸，能幫助人體降血脂。而這些單元不飽和脂肪酸成分，也使得酪梨所含的脂溶性維生素E、β-胡蘿蔔素，更容易被人體吸收。此外，還能強化腸胃、促進新陳代謝、解毒、潤便。酪梨的糖分很低，適合糖尿病患者食用。但因酪梨所含熱量很高，攝取過量容易發胖。

27.梅子

※營養成分

維生素B1、B2，鈣、鎂、鐵、鉀、磷，有機酸

※營養師叮嚀

梅子所含的有機酸，包含檸檬酸、蘋果酸、琥珀酸等，在人體消化後會成為鹼性物質，因此能平衡體內酸鹼值、促進新陳代謝、排除體內毒素，同時還可促進腸胃蠕動、幫助消化。不過，由於青梅含有氰酸毒素，所以適合加工後再食用。此外，胃酸過多者也不宜食用。

28.櫻桃

※營養成分

維生素B1、B2、C、β-胡蘿蔔素，鐵、鈣、磷，花青素、檸檬酸

※營養師叮嚀

櫻桃含鐵量居水果之冠，是很好的補血水果。同時，櫻桃屬於強鹼

食物，可以去除體內毒素、增強腎臟排毒功能、調節內分泌，同時能健脾和胃、改善便祕。另外，櫻桃所含的花青素也能促進血液循環、保護膠原蛋白、增強抗發炎能力。櫻桃的種子含氰，在體內會產生氫氰酸，會抑制中樞神經系統，因此切勿食用櫻桃核。

29.紫葡萄

※營養成分

維生素B_1、B_2、B_6、B_{12}、C、E、菸鹼酸、β-胡蘿蔔素，鈣、磷、鐵、鉀、鈉、鎂、錳，卵磷脂、有機酸、膳食纖維

※營養師叮嚀

紫葡萄能補氣血、強筋骨、利小便。其所含的營養素十分豐富，也屬於鹼性食物，能有助於腸內黏液的組成，並清除肝、腎、腸、胃中的廢棄物質，穩定血壓及神經傳導功能。此外，近來的研究發現，葡萄皮與葡萄籽皆含有花青素及多種有機酸，能清除自由基、幫助體內抗氧化。因此，連皮帶籽吃葡萄，最能攝取到完整的營養素。除了新鮮葡萄外，葡萄乾也是不錯的選擇。

30.草莓

※營養成分

維生素C、β-胡蘿蔔，鈣、磷、鐵，有機酸、花青素、胺基酸、膳食纖維

※營養師叮嚀

草莓能潤肺生津、清熱涼血、利尿消腫、健脾。其維生素C含量極高，再加上能吸附致癌物質的的鞣花酸，能淨化腸胃、強健肝臟、增強人體的抗癌力。豐富的果膠和膳食纖維，也能幫助消化、改善便

祕，降血壓、血脂。不過，草莓易引發過敏症狀，具過敏體質的人不宜多吃。

31.蘋果

※營養成分

維生素A、B₁、B₂、C，鐵、磷、鈣、鉀，有機酸、膳食纖維

※營養師叮嚀

蘋果能生津潤肺，健脾開胃。其含有豐富的膳食纖維和果膠，能夠促進腸胃蠕動、調整腸道菌叢生態，並吸附膽固醇。蘋果所含的有機酸，也能夠吸附細菌和毒素，刺激腸道蠕動。

因此，蘋果能改善便祕、幫助體內排毒。

32.蜂蜜

※營養成分

維生素B群、C、E、葉酸，鈣、鐵、鎂、鉀，酵素

※營養師叮嚀

蜂蜜具有潤燥清腸、補氣解毒、清心降火的功效，另外還含有能健胃整腸、改善便祕的寡糖，以及幫助新陳代謝的酶。蜂蜜的甜味來自所含的葡萄糖和果糖，都能直接被人體吸收，是香甜又健康的食材。食用蜂蜜時，建議用低溫水沖泡，以免破壞其營養素。

營養師大推的排毒料理

20種簡易整腸排毒餐，
吃出健康好新腸，享受活力四射的人生。

1.涼拌苦瓜

　　※材料

　　綠苦瓜1條、紅辣椒1支、蒜頭2粒

　　調味料：鹽、醋、糖適量

　　※做法

　　1.將綠苦瓜洗淨，挖除將內囊和籽。

　　2.將苦瓜切成薄片，用鹽醃30分鐘後，將水瀝乾。

　　3.將辣椒、蒜頭洗淨後，皆切碎。

　　4.將辣椒、蒜頭放入苦瓜片中，再倒入醋、糖，再醃30分鐘。

2.玉米沙拉海苔捲

　　※材料

　　甜玉米粒200g、胡蘿蔔20g、馬鈴薯半粒、小黃瓜1條、白煮蛋1粒、海苔片適量

　　調味料：沙拉醬60g、鹽1/4茶匙

　　※做法

　　1.將甜玉米粒煮熟，瀝乾。

　　2.將胡蘿蔔、馬鈴薯洗淨，去皮、切丁後蒸熟，冷卻備用。

　　3.將小黃瓜和白煮蛋切丁。

　　4.將所有材料放入碗中，加入所有調味料後拌勻。

　　5.將適量玉米沙拉塗在海苔上，再包捲起來，即可食用。

3.南瓜糙米飯

※材料

南瓜200g、糙米2杯

調味料：鹽適量

※做法

1. 將南瓜刷洗乾淨後，切成2公分厚的丁塊。

2. 糙米洗淨後，以2杯水浸泡30分鐘，再鋪上南瓜後，放入電鍋蒸煮即可。

4.滷牛蒡

※材料

牛蒡1條、黑芝麻少許

調味料：白醋2大匙、醬油3大匙、果糖1匙

※做法

1. 用菜瓜布刷洗牛蒡，略微去除表皮即可。

2. 將牛蒡切成絲。

3. 將牛蒡放入碗中，倒入白醋及2杯開水，浸泡20分鐘後撈出。

4. 將牛蒡放入鍋中，倒中醬油、果糖及1杯開水，煮滾後轉小火，煮至湯汁略微收乾。

5. 食用前，再撒上黑芝麻即可。

5.香菇炒蘆筍

※材料

蘆筍4條、香菇2朵；鹽適量

※做法

1. 將蘆筍洗淨後，切去老莖後，切段。過水汆燙。

2. 將香菇洗淨後切片。

3.起油鍋，放入香菇，炒熟後放入蘆筍，略微拌抄後即可。

6.苜蓿捲

※**材料**

苜蓿芽100g、小春捲皮適量；無蛋沙拉醬1大匙、番茄醬半大匙

※**做法**

1.將苜蓿芽洗淨後瀝乾，與沙拉醬、番茄醬拌勻。

2.將春捲皮鋪平，放上適量苜蓿芽，再包成春捲狀即可。

7.雙色蘿蔔絲

※**材料**

胡蘿蔔1條、白蘿蔔1條、青蔥1條

調味料：橄欖油、鹽適量

※**做法**

1.將白蘿蔔、胡蘿蔔皆洗淨，去皮、切絲。

2.將青蔥洗淨切段。

3.起油鍋，將白蘿蔔、胡蘿蔔放入油鍋中拌炒1分鐘，再轉小火悶4分鐘。

放入青蔥，加適量鹽調味，再拌炒均勻即可。

8.南瓜濃湯

※**材料**

南瓜1/2個、洋蔥1粒、高湯塊1塊；油1小匙、牛奶1杯、鹽適量

※**做法**

1.將南瓜洗淨後，去皮和籽，切成小塊。

2.將洋蔥洗淨後，切成薄片。

3.起油鍋，將洋蔥炒軟後，再加入南瓜一起拌炒。

4.待南瓜吸附油分後，將高湯塊、牛奶及1杯水倒入鍋中，煮沸後轉成小火，煮至南瓜變軟。

5. 整鍋倒入果汁機內，打成泥狀後，再倒回鍋中加熱，再加入適量鹽即可。

9.香菇玉米湯

※材料

香菇5朵、玉米粒300g、洋蔥1/4粒、麵粉1大匙；鹽適量

※做法

1. 將香菇、洋蔥洗淨後，切成小丁塊。

2. 起油鍋，將洋蔥爆香後，再倒入麵粉炒香，先熄火。

3. 倒入2杯水，略微拌勻後，放入香菇塊、玉米粒，煮開後，再加入適量鹽調味即可。

10.彩蔬煲番茄

※材料

黃豆芽150g、胡蘿蔔150g、海帶結150g、番茄6個、洋蔥1顆；鹽適量

※做法

1. 將所有蔬菜洗淨，將番茄切塊，胡蘿蔔和洋蔥切丁。

2. 在鍋中倒入適量水，煮滾後放入所有蔬菜，煮開後轉小火煮20分鐘，再加入適量鹽即可。

11.番茄芹菜湯

※材料

番茄300g、芹菜300g、生薑1片；鹽適量

※做法

1. 將所有材料洗淨後，將芹菜切段，番茄切塊，生薑切片。

2. 在鍋中倒入適量水，煮滾後放入芹菜、番茄、生薑，以大火煮10分鐘後，再轉小火煮1小時，再加入適量鹽即可。

12.蓮藕牛蒡湯

※材料

蓮藕250g、牛蒡250g；鹽適量

※做法

1.用菜瓜布刷洗牛蒡，略微去除表皮即可。

2.將牛蒡切成絲，泡水30分鐘。

3.將蓮藕洗淨、切塊。

4.將牛蒡和蓮藕放入鍋中，並加入12杯水，再放入電鍋蒸煮即可。

13.紅豆燕麥粥

※材料

蜜紅豆1/2碗、燕麥片1碗；蜂蜜適量

※做法

1.將燕麥、蜜紅豆和2杯水，放入鍋中，再放入電鍋蒸煮。

2.煮好後，再加入適量蜂蜜調味即可。

14.地瓜燕麥球

※材料

地瓜1顆、燕麥片1/2碗、地瓜粉適量；黑糖適量

※做法

1.將地瓜洗淨後，去皮、切塊，放入電鍋中蒸熟。

2.將地瓜、燕麥片、黑糖略為混合後，再加入地瓜粉拌勻。

3.將地瓜燕麥糰做成小球狀，再放入電鍋蒸約10分鐘即可。

15.酪梨牛奶

※材料

酪梨1顆、低脂鮮奶3杯、蜂蜜適量

※做法

1.將酪梨對切後，用湯匙挖出果肉。

2.將酪梨與鮮奶放入果汁機打勻，再倒入適量蜂蜜即可。

16.草莓蘋果沙拉

※材料

草莓5顆、蘋果1顆；優格適量

※做法

1.將草莓、蘋果洗淨後，切成丁塊。

2.將優格加入草莓丁及蘋果丁拌勻即可。

17.綠豆薏仁粥

※材料

綠豆1碗、薏仁1碗；蜂蜜適量

※做法

1.綠豆和薏仁洗淨後，泡水30分鐘。

2.將綠豆、薏仁和適量水，放入電鍋蒸煮。

3.煮好後，再加入適量蜂蜜調味即可。

18.糙米茄汁拌飯

※材料

糙米飯1碗、洋蔥1小塊、胡蘿蔔1小塊、玉米粒適量；番茄醬2大匙、油、鹽皆適量

※做法

1.將洋蔥、胡蘿蔔洗淨後，切成小丁塊。

2.起油鍋，爆香洋蔥後，再放入胡蘿蔔、玉米炒熟。

3.倒入糙米飯、番茄醬和鹽，轉小火炒至顏色均勻即可。

Part 04

從「腸」計議
實戰篇

腸道健康要靠自己。

Dr. Su以自己研究及親身實證的心得。

歸納整理出具體有益的方法。

包括：活化腸道運動、按摩、新時代健康飲食……等。

只要身體力行，定能「腸」命百歲！

腸命百歲，活化腸道的運動

**10種簡易運動，每天只要花15分鐘，
就可運動到腹部，增強腸胃健康。**

隨著生活水準的提升，國人腸道健康卻普遍惡化，腸癌死亡率高居第三位，且發生年齡逐年下降；癌症、心臟病、高血壓、動脈硬化、糖尿病、老年痴呆等成人慢性疾病，都與腸道健康密切相關。

老化由腸道開始，年輕族群腸道老化的弊害，將在中年以後顯現。

我們常常會聽到關於腸保健康的口號：「腸道照顧好，百病不來找！」的確，腸道健康是可以靠自己的積極主動來提升。每天起床後、睡

覺前，利用10～15分鐘進行簡易的運動，可促進腹部運動，增強腸胃健康。提醒您，起床後，先喝一杯溫開水，再做運動效果更好喔！

伸展運動

這是個很簡單的運動,可利用工作或家事空檔進行。

1. 雙腳分開站直,全身放輕鬆。
2. 一邊吸氣一邊將手抬高(手指交叉,手心朝外),伸直背脊,頭抬高,手臂貼緊耳朵,用力往上伸展。
3. 一邊呼氣,一邊將手放下並屈膝下彎,抱住雙腳。
4. 此動作反覆進行3～5次。

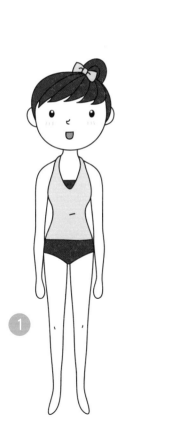

2 提臀搖擺

1. 仰臥，雙手繞於後頸部交叉。雙腳以立膝彎曲。

2. 深深地吸一口氣，抬高腹部，腳跟不離地，意識集中於丹田，閉氣。

3. 有力地吐氣，保持丹田用力，將意識轉移集中於骨盆，腰部移至右（左）方，在右（左）側做腰部上下運動。此時，雙肘及肩膀不離地，換左邊做同樣動作。

1

坐式踩腳踏車

1. 坐在地板上，雙腳併攏彎曲，兩手放在身體後方稍遠處。
2. 身體稍微向後倒，以雙手支撐住身體，同時，雙腳分別抬起伸直，雙腳無法完全伸直也無妨。
3. 保持背部筆直。
4. 左右腳交替，各施行10次。

2

3

4 仰臥屈膝扭腰

1. 仰臥，雙手繞於後頸交叉，雙腳合併以立膝彎曲。
2. 一邊吸氣，一邊將腰背用力挺出，扭腰並將雙腳向左倒放於地面，頭轉向右方。
3. 呼氣回復。
4. 重複動作，換邊做。

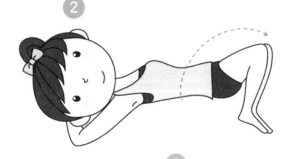

①

⑤ 彎曲、扭動上半身

1. 雙手置於腰間，兩腳張開與肩同寬。
2. 挺起胸膛，讓上半身向後仰，此時，指尖用力，對腰間用力指壓。
3. 回到原本的姿勢，上半身慢慢向左右兩側扭動，各施行2～3次。

②

③

④

⑥ 立式腰身大迴轉

1. 打開雙腳，雙手手指交叉反掌上舉，深吸一口氣，下顎頂上後仰。

2. 一邊吐氣盡量前彎，抬頭保持腰背直挺，從腰部彎曲，膝蓋要保持筆直，雙手伸直，腰部向右上大迴轉，同時吸氣。

3. 上身轉到正中時，双手再伸，下顎再上頂，盡量後仰。

4. 邊繼續吐氣從上而左下，迴轉到原位。

5. 動作時集中意念在骨盆上。

 卧式抬腿

1. 仰臥，伸展腳跟腱，雙手抱緊右
   腳使右膝靠攏胸部。深吸一口
   氣。
2. 吐氣用力緊抱右膝起身，此時左
   腳需充分伸展腳跟腱與腳後肌。
3. 換腳緊抱左腳如上要領，做同樣
   動作。

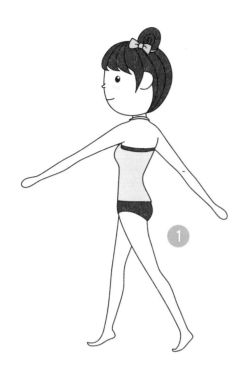

8 鍛鍊腹肌

1. 在路上步行時，背部伸直，快步行走，隨時警覺到要提起腹肌。
2. 等公車時，兩腿稍微張開，膝蓋微微彎曲。角度約為90度。
3. 坐公車時，一邊抓住吊環，臀部肌肉用力夾緊，感覺像肛門用力緊縮。

9 屈膝扭腰

1. 張開雙腳保持上身直立，彎曲膝
   蓋並向下壓，雙手置於雙膝上。
2. 一邊用力吐氣，一邊把左膝下壓
   到右腳跟附近的地上，同時把頭
   轉向左側方，眼看後方。
3. 換腳做同樣動作。

❿ 跪式扭腰擺臀

1. 雙手打開與肩同寬著地，雙膝併攏著地，伸展腳跟腱，抬起小腿，直視前方吸氣。
2. 邊吐氣，向右扭腰並放下小腿，同時頭也向右轉，越過肩背看腳跟。手臂伸直，吐盡氣後再吸氣回到原來位置。
3. 同樣也向左扭腰並放下小腿，重複數次。

運動一向是維持身體健康的基本要素之一，腸胃牽動腹部、腰部的筋肉、腹膜、韌帶等，所以有益腸胃的運動，是能訓練、牽動腹部、腰部肌肉的運動，能支撐腸胃不至於下垂、促進腸胃蠕動與排便、增進消化吸收能力、舒緩精神壓力、促進新陳代謝與血液循環等種種好處。

有益腸胃的運動，並沒有特定的項目，未必非得搞到汗流浹背不可，重要的是要持之以恆的規律運動。此外，腹式呼吸也會運動到橫隔膜、腹部。

Dr. Su的叮嚀
對腸胃有益的腹式呼吸

腹式呼吸有別於胸部呼吸，在於利用腹部運動橫隔膜，來控制空氣緩而深度地進出肺部。吸氣時，由鼻子將空氣深深吸入，使腹部緩緩向外膨脹；呼氣時，張嘴將氣深深吐盡，腹部緩慢往內縮。

按摩通經護腸胃

腹部按摩可活絡腸胃的經絡氣血，
有助於腸胃整體機能健康。

近年風行的按摩，是很好的保健方法，在傳統中醫本來就有這樣一套經絡按摩的養生法，無論採用哪一種按摩方式，都能透過腹部按摩，活絡腸胃的經絡氣血，促進腸胃蠕動與排便，恢復腸胃的柔軟與彈性，有助於腸胃整體機能的健康。

即使沒有專業手法，沒有專業工具，只要用手適度按壓，一樣可以達到按摩腸胃的目的，不需擔心「壓壞」的問題。

就中醫來說，也有一套氣血經絡運行的規律。依照氣血運行的時間作息，能使身體經脈順應自然，達到最佳養生及健身效果。

◎氣血運行時刻表

氣血運行時間	行至經絡	說明
夜間11點至凌晨1點	膽經	淺眠期，身體不適者易在此時痛醒。
凌晨1點至3點	肝經	排毒期。
凌晨3點至5點	肺經	休眠期，留意保暖，重症病患最易發病、死亡的時刻。
上午5點至7點	大腸經	清晨排便的良時。
上午7點至9點	胃經	適合吃早餐的時刻，有利胃部消化。
上午9點至11點	脾經	為頭腦最靈敏的時刻，記憶力、注意力、學習力佳。
中午11點至下午1點	心經	建議先閉目休息一會，再行用餐。
下午1點至3點	小腸經	為分析力與創造力最佳時刻。
下午3點至5點	膀胱經	體力消耗，下午茶時間可補充一些水果。
下午5點至7點	腎經	嗅覺與味覺最敏感時刻，是吃晚餐最好的時刻。
下午7點至9點	心包經	夜間精華時段，適合思考、進修、協商等。
夜間9點至11點	三焦經	結束前一段活動，平靜思緒，準備入眠。

健康飲食面面觀

**從飲食攝取均衡營養，
是健康的不二法門。**

　　根據國民營養健康狀況變遷調查顯示：國人在四、五〇年代，普遍處於營養不良的情況，大部分的人在熱量、蛋白質、維生素等方面都攝取不夠；到了六、七〇年代，對於某些營養素（如：維生素A、B$_2$、鐵、鈣等）有缺乏的現象；一直到了八、九〇年代，國人飲食情況普遍營養過剩，而且飲食不均衡，以致引發一連串飲食不均所導致影響身體健康的疾病，如：肥胖、糖尿病、高血壓、癌症等。可見，吃得健康這件事，對於我們而言，是必須努力學習與用心實踐的課題。

　　現代人的飲食問題主要是：吃得多但運動量不足，以致身體的代謝率下降；喜歡吃的食物都太過精緻，烹調也都偏油；口味上不是吃得太甜就是太鹹；用餐的速度太快，以致消化吸收不良；再者就是外食的族群居多，而在食物的調理上都講求快速，沒有兼顧營養的均衡。

　　不當的飲食所造成的不只是生長發育異常的問題，在體重方面也會呈現兩極化的現象（不是過度肥胖，就是營養不良），更會連帶引起諸多慢性病症（如：

糖尿病、高血壓、高血脂、痛風、腦中風等），許多的癌症（如：肝癌、乳癌、膽囊癌、大腸癌等）也都與我們日常的飲食相關。常言道：「病從口入」，果真是有幾分根據。除此之外，相關所衍生的心理、社會障礙，也不容忽視。

8大守則

遵守這八項原則，
定能健康久久。

　　針對現代人易犯的錯誤飲食觀念，Dr. Su提出了8大吃出健康的飲食原則。

　　1.終生學習但不道聽塗說。

　　2.進食七八分飽，以維持理想體重。

　　3.營養均衡，不偏食也不過量。

　　4.每天攝取多種類食物，遵從少油、少糖、少鹽、高纖維飲食原則。

　　5.縮短烹調時間，降低烹調溫度，避免不新鮮的食物。

　　6.食物有藥理作用，有益成分小量無效，適量有益，大量難免有慢性副作用。

　　7. 長期大量攝食防癌、抗癌食物和草藥或偏方並不安全。

　　8.不要反應過度，因噎廢食。了解自我飲食缺陷，可找營養師諮詢補充劑的選用。

⊙國民健康飲食指南

1.攝食各類食物

天底下沒有一種食物，可以包含人體所需的全部營養素，為了讓我們的身體補充到各種營養素，最佳的方法就是均衡攝取各類食物，不能夠偏食。

在我們每日的菜單規劃裡，應該含有五穀根莖類、奶蛋豆魚肉類、蔬菜類、水果類及油脂類等食物。在食材的選擇上，必須以天然新鮮為原則。

2.以五穀為主食

米、麵等穀類食品含有豐富澱粉及多種必需營養素，是人體最理想的熱量來源，且為避免由飲食中食入過多油脂，應維持國人以穀類為三餐主食之傳統飲食習慣。

3.選用高纖維食物

食用植物性食物是獲得纖維質的最佳方法，含豐富纖維質的食物有：豆類、蔬菜類、水果類及糙米、全麥製品、番薯等全穀根莖類。

蔬果吃得多，纖維的攝取量就多，相對的腸道就會健康。腸道的健康很重要，因為健康的腸道可以幫助身體有效的吸收各種營養素，讓你的身體比較年輕有活力。所以要預防老化，讓你的腸胃道保持年輕是關鍵。要讓腸道年輕就必須靠我們吃進去的食物，因此多吃蔬果

可以增加腸道的蠕動、有益腸道健康。含有豐富纖維質的食物可預防及改善便祕，並且可以減少罹患大腸癌的機率；亦可降低血膽固醇，有助於預防心血管疾病。

4.少油、少鹽、少糖

飽和脂肪及膽固醇含量高的飲食都是造成心血管疾病的主要因素之一。高脂肪飲食與肥胖、脂肪肝、心血管疾病及某些癌症有密切關係。烹調時應盡量少用油，且多用蒸、煮、煎、炒代替油炸的方式可減少油脂的用量。平時也應減少吃肥肉、五花肉、肉燥、香腸、核果類、油酥類點心及高油脂零食等脂肪含量高的食物。對於內臟和蛋黃、魚卵等膽固醇含量高的食物也應減少食用。

Dr. Su的叮嚀
讓你輕盈健康的10個飲食小建議

· 少用油、糖及含油、糖多的材料。

· 使用合適的烹調用具，如微波爐、烤箱、不沾鍋、蒸鍋。

· 用蒸、煮、烤、烙等烹調法代替煎、炸、炒、燴。

· 避免使用半成品。

· 多試用新材料，找出最好的代替品，如蒟蒻、代糖。

· 少用會含油的材料及做法，如：勾芡、裹衣。

· 注意食品營養標示。

· 控制飲料。

· 非正餐時間避免吃澱粉類、油脂類。

· 多吃具有抗癌作用的蔬菜水果。

烹調應少用鹽及含有高量食鹽或鈉的調味品，如：味精、醬油及各式調味醬；並少吃醃漬品及調味重的零食或加工食品。由於食鹽的主要成分是鈉，經常攝取高鈉食物容易罹患高血壓。

糖類的主要功能是提供身體所需的熱量，其本身幾乎不含其他營養素，而且容易引起蛀牙及肥胖等問題，所以應該盡量減少食用。通常中西式糕餅不僅多糖也多油，平日應節制食用。

5.多攝取鈣質豐富的食物

鈣是構成骨骼及牙齒的主要成分，攝取足夠的鈣質，可促進正常的生長發育，並預防骨質疏鬆症。國人的飲食習慣，鈣質攝取量較不足，宜多攝取鈣質豐富的食物。牛奶含豐富的鈣質，且最易被人體吸收，每天至少飲用1～2杯。其他含鈣質較多的食物有奶製品、小魚乾、豆製品和深綠色蔬菜等。

6.多喝白開水

水是維持生命的必要物質，可以調節體溫、幫助消化吸收、運送養分、預防及改善便祕等。

每天應攝取約6～8杯的水。白開水是人體最健康、最經濟的水分來源，應養成喝白開水的習慣。市售飲料常含高糖分，經常飲用不利於理想體重及血脂肪的控制。

提高免疫力的5個好習慣

好的生活作息是健康保證，
持之以恆養成好習慣吧！

1.規律生活

　　古人的智慧告訴我們：「日出而作，日落而息。」換成我們現代人的語言，其實就是「時間到了，就要去做該做的事」這個道理。也就是我們在日常生活當中，應當合理安排一天的作息，則有利於身體健康。所以，早睡早起身體好，多做運動，絕對有益身體健康。養生就好比堆積木，要從小就開始，而且要結實去養生，根基要打穩，積木才能堆得高。

2.適當運動

　　每週運動3次，每次運動半小時，可以幫助消除腦細胞的疲勞、增強心臟機能、提高呼吸功能、改善胃腸血液循環，增加對疾病的抵抗力，運動時不能過量，如果出現頭暈、心悸、胸痛等不適症狀，要馬上停止運動。

3.保持開朗樂觀的情緒

　　良好的情緒能提高腦力和效率、加強適應力、增強對疾病的抵抗力。同時，情緒也是決定健康與否的基礎，只要我們心情處於低落時，就會因為負面的思緒影響到我們的身體與心靈。所以，當我們在幫身體排毒時，也別忘了為我們的心靈掃毒，唯有讓我們的生理與心理維持平衡的狀態，有愉快的心情，我們的自律神經才得以協調的運行，腸道的吸收、排泄及消化功能也才能夠順利的發揮其功能。

4.適度的營養

　　均衡營養的原則，一定要三餐定時定量；三大營養素熱量應維持在理想的百分比，即蛋白質10〜14%、脂肪20〜30%、醣類55〜65%；動物性蛋白質與植物性蛋白質應維持1：1的比例；多元不飽和脂肪、單元不飽和脂肪、飽和脂肪的食用，維持在1：1：1為最佳；每日膽固醇攝取量宜在300毫克以下；每日食鹽攝取量8〜10克以下；多選用富含纖維質的食物，每天補充20〜35公克；均衡攝取多種類食物不偏食，維生素與礦物質的才能達到建議量以調節生理功能。

　　簡而言之，營養要均衡攝取，不暴飲暴食，並定時定量，少吃油炸燒烤刺激性食物，多吃蔬菜水果，適度補充益生菌，這些都是營養補充的最佳原則。

 Dr. Su的叮嚀
LS益生菌的專業醫療「抗敏」特性

　　經專利認證的LS益生菌即為高功效專業醫療「抗敏」益生菌，由臨床實驗證實此一菌株具有以下特性：

　　1.強力附著。

　　2.高度耐胃酸膽鹽。

　　3.具有活性的益生菌。

　　若於空腹時食用，LS益生菌可以順利通過胃，到達小腸定殖於腸壁黏膜上，並持續刺激免疫細胞，發揮免疫調節的作用，對於調整過敏體質才可達到事半功倍的效果，亦即符合所謂「好菌」的益生菌！

5.正確補充益生菌

　　日常生活中，益生菌的補充和選擇都相當重要。應選擇活菌才能持續性的在腸道繁衍並發揮功效；同時，必須在空腹時食用，因為空腹時，才能增加益生菌貼附

在腸道黏膜的機率，進行免疫的調節；另外，要多攝取含寡醣類的食物，如：蔬菜、水果，這些食物都是提供益生菌營養的來源；此外，要盡量避免刺激性、高油脂、高蛋白、高過敏原的食物；每天要記得多喝水，至少要補充2,000～3,000cc的水分。

選用好菌有七大要訣：

①好菌必須要能定殖於人體腸道，而只有活菌才有定殖力。

②必須選擇高濃度的產品。

③好菌必須要耐胃酸、膽鹽。

④低溫儲存以維持活性。

⑤服用高功效專業醫療「抗敏」益生菌，搭配正確食用「時機」才能有效的徹底展現。早上最好是先飲用溫開水後補充；睡前接近空腹且不會再進食（晚餐後3～4小時）時，是最佳的攝取時機。

⑥搭配飲品食用時，建議打開膠囊將益生菌粉末溶於少量牛奶或果汁，加入的飲品溫度宜低於攝氏45度。

⑦同時補充新鮮蔬果，減少油脂攝取，提供好菌充份營養。

外食蘊藏4大危機

了解危機才能化解危機，
進而轉危為安，常保健康。

現代人忙碌的生活，外食比例非常高，然而外食潛藏的危機也是非常高的。

危機1
食物安全衛生堪虞

有時我們會有「眼不見為淨」的觀念，而忽略了外食衛生安全的問題，其實，吃進去的東西不僅要求美味、營養，最重要的還是應注意食品的安全與衛生。不過，現年來「黑心」的食物頻傳，如病死豬的私宰；生魚片、豆製品或麵條與各種食材加入防腐或漂色的藥劑，主要是為了達到增色和防腐的效果，這也讓外食者的健康受到嚴重的威脅。由於，台灣潮濕悶熱，食物很容易孳生細菌與發霉，不僅讓外食者容易吃到不新鮮，甚至腐敗的食物，更使得外食族的大人、小孩會產生一連串胃腸失調與肝腎受損的問題。

危機2
營養失調

吃外食最常犯的錯誤就是「偏食」，菜色幾乎都以肉類為主，魚、雞、牛、豬、海產成為主要的食物，因為吃到肉的種類最多，吃的份量也容易過多，一般而

言，每種肉的營養幾乎大同小異，提供的都是蛋白質，恰巧的是，肉類吃得越多，脂肪的攝取也越多，因此，大魚大肉的飲食通常是高熱量的飲食，也是造成肥胖的飲食。相對地，外食無法均衡攝取到蔬菜的份量，而且每天吃的種類只

有那幾種，有時蔬菜的烹調又鹹又油，長期下來，容易造成飲食極度的不均衡，使自己發胖或身體不適的症狀層出不窮。

危機3
高油、高糖、高鹽、少纖維

除了食物的種類偏頗之外，最大外食的問題就是口味的問題，油、糖、鹽與各種調味品無所不在，這些添加物大多都是化學成分，會影響正常細胞的代謝，簡單說，就是會加速細胞的老化，如果從中得到大量的糖，也會過度刺激胰島素的分泌，增加糖尿病的危險。另外，過量的油脂會使血脂上升，加速血管硬化的危機。而大量的鹽分使水份滯留體內，引起身體水腫和循環問題，這一連串的危機，你可想像未來你的孩子也要面對相同的傷害嗎？

危機4
過量

常常有機會外食的小朋友，往往會因外食供應的份量，超過本身熱量的需求，而造成身體的負擔。一般外食的份量都以大人的食量來

估算，這會使孩子有強迫「過食」的傾向，長期下來，孩子的胃口會逐漸變大，不僅使胃腸機能過度負擔，又將多餘的熱量堆積起來，孩子當然越吃越胖。

健康外食5原則

這樣吃就對了！

Dr. Su因為工作的關係，無可避免外食比例依然偏高，但把握幾項外食的原則，就可以吃的比別人健康許多。那麼，健康的外食原則包含哪些呢？

1.均衡攝取六大類食物

記得以五穀根莖類為主，豆魚肉蛋類要適量，不忘天天五蔬果、補充奶類骨質不會少，油鹽糖要少。此外飲食要多元化、種類多變化，較容易達到營養均衡。例如：午餐吃牛肉麵，晚餐就不要再吃同屬麵食類的榨菜肉絲麵，或一餐吃自助餐，可多挑幾樣不同類型的食物。均衡攝取六大類食物的同時，也要千萬記得不可以偏食喔！

2.掌握三低一高原則

低油

少吃油炸食物，多選擇清蒸、水煮、涼拌、清燉的調理餐飲，如蒸蛋、白斬雞、蒸豆腐、蒸魚等，避免選擇炒、煎、炸的食物，如炸雞腿（排）、煎豬排、炒飯等。在吃肉類或家禽（如雞、鴨）時，去掉肥油與皮，避免攝取過多的脂肪；此外，高脂肪、高熱量的點心如蛋糕、炸春捲等應少吃。多選擇清蒸、滷、煮的菜餚。

低鹽

避免加工、醃製或煙燻食物，如醃黃蘿蔔、鹹魚、香腸、榨菜等。避免用滷汁拌飯的動作，減少加入高熱量或高鈉量的調味醬料，如麻油、辣椒油、沙拉醬、沙茶醬等。

低糖

可樂、汽水、調味乳或其他甜味的飲料，應盡量減少飲用，若能以白開水、茶代替更佳。

高纖維

多攝取含纖維量高的食物，如全穀類、未加工的豆類、蔬菜及新鮮的水果。顏色多樣化，營養素不會少，要記得每天要吃五種或五種以上的彩虹蔬果。

3.飲酒要適量

飲酒要適量，淺酌即可，豪飲傷肝。

4.隨餐調整進食量

每餐的飲食攝取量，應視每天的熱量攝取總值而定。假設今天晚上有應酬，午餐建議簡單吃，或吃熱量少的食物。另外，白天水果攝取量不夠，晚上就應該立即補足。還有不要忘記早餐吃得飽、午餐吃得好、晚餐吃得少。

5.注意食品標示內容

選購便利（即食）商品時，應注意到食品標示內容。選擇包裝食品或盒餐時要詳細閱讀產品標示，若有營養標示也應看清楚，以了解

自己吃進了什麼樣的食物內容，對身體有沒有營養價值。

　　把握以上的原則讓我們一起做個聰明健康的外食族！然而，即便是盡量注意一些外食挑選原則，但是外食的選擇中，蔬果的攝取量依然偏少，所以，如果時間上許可，回家後會盡量打杯綜合蔬果汁來補充蔬菜水果的攝取量，並於睡前補充益生菌，如此一來，才可以讓腸道維持在健康的狀態。

　　若有過敏體質者，在製作蔬果汁時，盡量避免容易引起過敏的水果，如芒果、奇異果、鳳梨等水果，如此就可以吃的健康又安心。

外食最佳補充飲品

自己動手很簡單的健康飲品。

1. 綜合蔬果汁

　　※ **材料**

　　　紅蘿蔔半條、蘋果1顆、鳳梨1/5個、芹菜、蜂蜜、水各適量

　　※ **做法**

　　　將材料洗淨去皮後一起打成汁。

2.香蕉蘋果牛奶

　　※ **材料**

　　　香蕉2條、蘋果1顆、牛奶適量、水

　　※ **做法**

　　　將材料洗淨去皮後一起打成汁。

3.葡萄多多

　　※ **材料**

　　　葡萄約20至30顆、養樂多2瓶

　　※ **做法**

　　　葡萄洗淨去籽（皮可保留）後，加入養樂多打成果汁。

4.綜合水果茶

　　※**材料**

　　　蘋果、金桔、梨子、檸檬片、熱紅茶、蜂蜜各適量

　　※**做法**

　　　將材料洗淨去皮切成丁，放入熱紅茶中，再加入蜂蜜調味即可。

5.蜂蜜蘆薈汁

　　※**材料**

　　　蘆薈250克、蜂蜜、檸檬汁、水各適量

　　※**做法**

　　　蘆薈洗淨去皮切成段打成汁，加入蜂蜜和檸檬汁即可。

6.柳橙木瓜汁

　　※**材料**

　　　柳橙300克、木瓜100克，水、蜂蜜各適量

　　※**做法**

　　　將材料洗淨去皮去籽後一起打成汁。

7.綜合瓜果汁

　　※**材料**

　　　香瓜200克、哈蜜瓜200克、蜂蜜、檸檬汁各適量

※做法

將材料洗淨去皮去籽後一起打成汁，加入蜂蜜和檸檬汁即可。

8.牛蒡蔬果汁

※材料

牛蒡100克、鳳梨150克、蘋果100克、檸檬、蜂蜜各適量

※做法

將材料洗淨去皮後一起打成汁，加入蜂蜜和檸檬汁即可。

家庭健康烹調法

低油煙的蒸、煮、燙、涼拌，
才是較安全健康的烹調法。

如果假日有空在家下廚用餐，請盡量增加蔬菜的攝取量，除了量要增加，種類也盡可能多樣化，以補足平時的不足。另外，在食材的烹調上，盡量選用簡單的烹調法，減少油炸燒烤的方式，如此一來能讓家人吃的更健康。

我們的飲食習慣，總少不了煎、炒、烤、炸，而且要烹調到微焦，才覺得香脆爽口。然而這些微焦成分卻都是致癌物質，吃進去會產生對人體有害的自由基。特別是80%以上的疾病幾乎都跟自由基

有關，尤其是慢性病，例如癌症、腦中風、高血壓、血管硬化、糖尿病、關節炎等。

　　台灣習慣的「熱油快炒」也是不好的烹調方法。科學研究指出，食物只要超過攝氏100度的高溫烹調，就容易產生有害致癌物，而且烹調時間越長，產生的致癌物就越多。

　　唯有多採用蒸、煮、燙、涼拌等低油煙的方式，才是較安全的烹調法。為了達到這個效果，目前市面上所販售的原味鍋、快鍋等健康鍋具，可以提供我們一些幫助。舉例來說，快鍋傳熱均勻決速，最能發揮以高溫高壓原理烹調的效果。快鍋的原理是在短時間內將鍋內溫度升高到一定的尖峰溫度，並且持續發揮熱效應，讓食物不僅在短時間內即可充分被調理完成，且不會因長時間烹煮而流失營養，同時又能保有食物鮮美的風味。

　　雖然蒸、煮、燙三種烹飪方式的溫度約在100度，不會產生過多有害物質，對身體最無害。但最健康的方式，建議還是採行生機飲食，並以最簡單的烹調方式最能吃到食物的甘甜原味，例如多採用涼拌、生食等方式，就是很不錯的料理方法。

Dr. Su的叮嚀
燒烤食物與癌症

　　根據醫學研究的結果顯示，一塊1英磅重（約3塊大牛排）的燒烤牛排，足以產生相當於600根香菸的致癌物質，這也是許多人並沒有抽菸卻得到肺癌的原因之一。其實燒烤最大的問題不在於食物，而是加在食物上的油汁、醬料，這些油滴落在炭火上，加熱後會產生致癌物質。此外，火焰還會使蛋白質產生化學變化，轉變成劇毒的致癌物質叫做「異環胺」（Heterocyclicamine），常常吃進這些物質，自然容易導致癌症。

＊Dr. Su上菜

　　如果在家用餐，建議原則上維持在3～4樣菜色。其中一道主菜（主要為葷食）；一道半葷素，通常以多樣蔬菜搭配肉絲、豆製品或是海鮮為主；再來，就是1～2道的青菜。三餐中，應以中餐所佔熱量較多，晚餐後因活動量減少，所以盡量以清淡為原則。以下就是Dr. Su家庭餐桌的參考菜單。

Menu 01

葷　食　清蒸魚
半葷素　什錦炒肉絲
素　菜　炒地瓜葉

Menu 03

葷　食　香滷雞腿
半葷素　五彩蝦仁
素　菜　燙綠色花椰菜

Menu 02

葷　食　煎豬排
半葷素　奶汁焗白菜
素　菜　綜合生菜沙拉

Menu 04

葷　食　香菇雞湯
半葷素　莧菜燴銀魚
素　菜　涼拌小黃瓜

Menu 05

葷　食　獅子頭
半葷素　銀芽雞絲
素　菜　素炒三鮮菇

把握這份菜單的原則，保證能吃得輕鬆、美味，又健康。

腦力大革命

黃鈺淳◎著

近代醫學研究發現，人們的注意力、記憶力和學習能力不足，或經常出現失眠、焦慮和抑鬱等問題，往往與大腦缺乏營養或營養失調有關。本書透過互動方式，先帶領我們了解自己的大腦健康程度，再抽絲剝繭地描述活化與損害大腦的食物，同時，也提供了提供簡單有效的腦力訓練法，讓你每天在家或外出時，就能輕鬆健腦！

越活越年輕

傅茂恒◎著

一熬夜精神狀況就超差、火氣大到嘴破口臭，頭昏眼花、腰肩酸軟、中年發福，做事老是忘東忘西，小心，你的身體開始老化，生理機能持續減退，一位從事臨床工作20多年的中西醫師，從日常生活中，教你如何扶陽補腎、通暢經絡，使身體由內而外得到全方位的調理，值得想不老的你一同實行！

把健康搶回來

海德◎著

三餐不定時，慣性加班，加上推不掉的應酬，一回家就累趴，經常酗咖啡，肝指數異常飆升，動不動就焦躁易怒，小心，再不注意，你將提前從人生中OUT！本書透過食療、靜坐、按摩、瑜伽等方法，啟動身體自癒力，讓健康long stay。
頭痛、鼻炎、胃痛、便祕、感冒、慢性病、食慾不振……統統搞定！

這樣做 便便天天順
魏辛夷、張兵◎著

想噗通，卻不通嗎？忙碌的生活型態，讓你經常脹紅了臉，想嗯也嗯不出來嗎？動不動就感冒、咳嗽，小腹凸，滿臉痘花，小心是便祕在搞蛋！高纖飲食、經穴刺激、順腸通便操等方法，護送你輕鬆搭上便便特快車，讓體內宿便一掃而空，遠離惱人的腸道疾病。

誰偷走了您的健康
湛先余◎著

本書深入淺出地為現代生活對人們健康的危害，提出破壞及其致病的因素，還有外界惡劣環境對健康的損害、人們自身的不良生活方式、不合理的飲食、錯誤的用藥，以及陳舊的健康觀等五個面向，提醒您掠奪健康的最大殺手就是我們自己，因此必須改變錯誤的健康觀念，才能做出正確的選擇！

全家人必吃的101道元氣餐
郭月英◎著

此書囊括了家有老年、壯年、青少年及幼兒成員的元氣食譜，從預防老人慢性病如：糖尿病、高血壓、骨質疏鬆；壯年族群像上班族常見增強體力、減緩肩頸痠痛等；改善青少年皮膚痘痘困擾，以及小兒便祕、腹瀉等50個症狀，一一給予食療改善的重點及因應對策。另外，還針對天然食材其涼性或溫補特色給予建議，讓您不擔心太補或不足之慮，一一滿足全家人的需求量身訂作101道料理。

國家圖書館出版品預行編目(CIP)資料

搞懂益生菌，吃對更健康：益生菌之父的
真心建言 / 蘇偉誌作. -- 初版. --
新北市：閣林文創, 2018.10
　面；　公分
ISBN 978-986-292-825-7(平裝)
1.乳酸菌 2.健康法
369.417　　　　　　　　107015837

搞懂益生菌，吃對更健康：益生菌之父的真心建言

書　　　名	搞懂益生菌，吃對更健康：益生菌之父的真心建言
出 版 社	閣林文創股份有限公司
發 行 人	李玉佩
作　　著	蘇偉誌
企 劃 編 輯	閣林編製小組
美 術 設 計	林雍儀
地　　　址	235 新北市中和區建一路 137 號 6 樓
電　　　話	(02)8221-9888
傳　　　真	(02)8221-7188
閣林讀樂網	www.greenland-book.com
E－m a i l	service@greenland-book.com
劃 撥 帳 號	19332291
出 版 日 期	2018 年 10 月初版
I S B N	978-986-292-825-7
定　　　價	300 元